モコモコした樹冠が美しい高知県足摺岬の照葉樹林（5月）。タブノキやスダジイに加え、ウバメガシやヤマモガシも多い

照葉樹
ハンドブック

林 将之 著

日本最大といわれる宮崎県綾町の照葉樹林（7月）。イスノキ、イチイガシ、ウラジロガシなどの林が標高1000m前後まで広がる

原生的な照葉樹林は、生育する植物の大半が常緑性。林内は暗く鬱蒼としているが、二次林に比べると森林階層や樹種は格段に豊富

照葉樹とは

　照葉樹とは、葉の表面のクチクラ層が発達し、厚くて照りのある葉をもつ常緑広葉樹で、夏に雨が多い暖温帯〜亜熱帯に分布し、照葉樹林を構成する樹木です。照葉樹林は、日本〜中国南部〜ヒマラヤ山麓にかけて主に分布し、その地域で発達した農耕文化は照葉樹林文化とも呼ばれています。これに対し、地中海沿岸など夏に乾燥する暖温帯には、小型で硬い葉をもつ硬葉樹林が見られます。硬葉樹林がない日本では、照葉樹と常緑広葉樹はほぼ同義で、シイ類、カシ類、タブノキを主体とした照葉樹林が西日本を中心に見られます（右図）。

　しかし、燃料用の伐採やスギ・ヒノキ植林のため、照葉樹の原生林は壊滅状態で、社寺林などの禁伐区や急斜面にわずかに残るのみです。現在の照葉樹林帯には、コナラなどの落葉樹やアカマツ主体の林や、二次的に発生した照葉樹林が広く見られます（二次林）。多くの森林が放置されている昨今では、また少しずつ照葉樹が増えており、長い年月をかけて自然の照葉樹林に戻っていくものと考えられます。

日本の照葉樹林帯と照葉樹の北限ラインの主なパターン
（堀田満氏資料などから作成。線の色は本文種名下の罫線の色に対応）

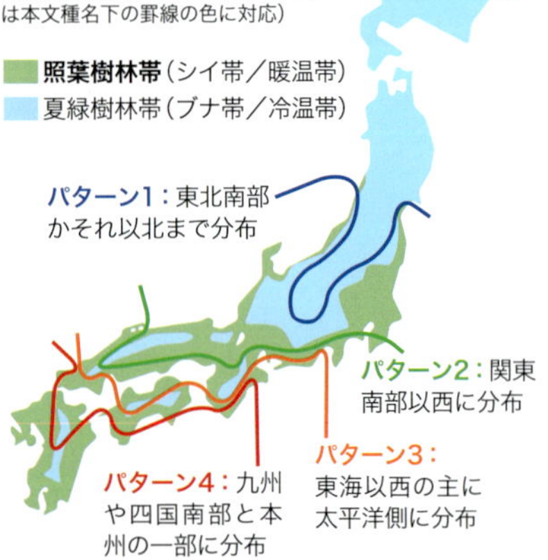

■ 照葉樹林帯（シイ帯／暖温帯）
■ 夏緑樹林帯（ブナ帯／冷温帯）

パターン1：東北南部かそれ以北まで分布
パターン2：関東南部以西に分布
パターン3：東海以西の主に太平洋側に分布
パターン4：九州や四国南部と本州の一部に分布

本書の使い方・検索表

　本書は、照葉樹を中心とした暖地性の常緑樹136種を、葉の形状で6グループに分けて掲載しています。葉から名前を調べるには、下の検索表で①葉の形、②葉のつき方（葉序）、③葉の縁、の3項目を調べ、葉一覧表や解説ページで該当する葉を探して下さい。葉一覧表は小さな葉→大きな葉の順に、解説ページは科ごとに概ね高木→低木の順に並べてあります。

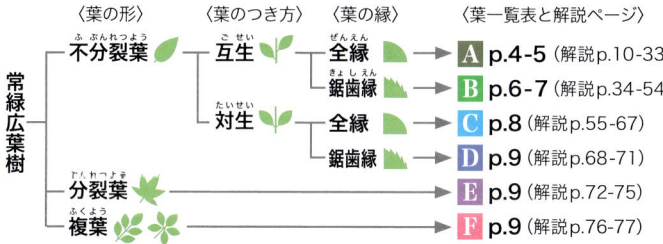

凡例

種名・分類

●**種の和名・漢字名**／代表的で明解なものを採用。●**学名・科属名**／APG分類体系を採用した『日本維管束植物目録』（北隆館）に準拠。ただし、著者の意向により、種の和名は変種等の種内分類群を含む広義で使用したものが多く、学名もそれに対応させた。●**樹高**／高木、小高木、低木、つる性木本に分け、標準的な成木の樹高（m）を記した。●**分布北限ライン**／種名下の罫線を、左頁に示した分布北限ラインによって4色に分けた。

若葉は赤みを帯びる。栽培品はより華やか

解説文

自生状態や樹種同定のヒントになる情報を重点的に解説した。生育環境は、海岸、沿海（海に近い低地）、低山、山地（西日本で標高400-500m以上）に分け、普通、やや普通、やや稀、稀の4段階で出現頻度を記したが、地域差も大きい。葉身長は、一般に観察できる成葉の葉身の長さを記した。樹皮、花、実が目立つものはその形状や時期を記した。近縁種や雑種は※印以下に紹介した。

分布情報

◆印以下に分布域（自生地を含む）を記した。**北**（北海道）、**本**（本州）、**四**（四国）、**九**（九州）、**琉**（奄美諸島以南の琉球諸島）に分け、分布限界はなるべく都道府県名（九四国は頭文字）で記し、本州は太平洋側と日本海側の北東限を記した（小笠原諸島は除外）。ただし、分布限界地が鳥嶼であったり極めて個体数が少ない場合も多い。植栽利用や野生化が多いものは記した。

葉スキャン画像

著者オリジナルのスキャナ撮影による葉画像を掲載し、倍率をグレー円内に記した。原則として白牛個体の葉の表裏を掲載し、見分けポイントを引出線で記した。

検索インデックス

検索表で用いる葉の形状3項目を記した。上から、葉の形（**不**＝不分裂葉、**分**＝分裂葉、**複**＝複葉）、葉序（**互**＝互生、**対**＝対生）、葉縁（**全**＝全縁、**鋸**＝鋸歯縁）。

※掲載倍率は約0.3倍

B 不分裂葉・互生・鋸歯縁 (p.34-54)

不互全

裏
鋸歯縁、全縁の両方の葉がある
葉はツブラジイより厚く、幅広い
0.9倍
裏は金色。濃淡は変異がある
枝は太い

スダジイ
すだ椎
Castanopsis sieboldii

ブナ科シイ属　　高木（10-20m）

低地の照葉樹林を構成する主要種で、沿海〜山地に普通に生え、林をつくる。葉身長6-15cm。樹皮は縦に深く裂ける。5月頃にクリーム色の花が樹冠一面に咲く。実は秋に熟し、細長い卵形。別名イタジイ。◆**本**（秋田・宮城以西）〜**琉**。植栽。

若木やひこばえ、日陰の葉は特に大きい

葉はスダジイより薄く小型で細い
鋸歯縁、全縁の両方の葉がある
裏
0.9倍
枝は細い
裏は金色

ツブラジイ
円椎
C. cuspidata

ブナ科シイ属　　高木（10-20m）

スダジイと並ぶ照葉樹林の主要種で、低山〜沿海に普通に生える。葉身長5-10cm。実はほぼ球形。樹皮は平滑。別名コジイ。◆**本**（静岡・新潟以西の主に太平洋側）〜**九**。植栽。※スダジイとの中間型も多く、両者を同種とする見解もある。

若い実がついた枝。樹冠の葉は特に小型

マテバシイ

馬刀葉椎
Lithocarpus edulis

ブナ科マテバシイ属　　高木 (5-15m)

暖地に植林されたものが野生化し、所々でマテバシイ林が見られる。本来の自生は九州以南とされ、尾根や岩場にやや稀に生える。葉身長10-20㎝。樹皮は灰白色で縦すじが入る。花期は6月。実は長さ2-3㎝。◆**本**（関東以西）〜**琉**。植栽。

葉は枝先に集まってつき、タブノキに似る

シリブカガシ

尻深樫
L. glaber

ブナ科マテバシイ属　　高木 (5-15m)

乾燥した低山や岩場の照葉樹林にやや稀に生える。瀬戸内海沿岸など花崗岩地に多い。葉身長8-14㎝で、マテバシイの葉を短く縮めたような形。樹皮は灰色で縦すじが入る。花期は9月、実は長さ2㎝。◆**本**（愛知以西の太平洋側）〜**琉**。

葉脈が凹んで、ややごわごわした印象

不互全

時に先付近が波形

0.6倍 緑色で光沢がある

裏

中央で最大幅

葉柄は3㎝前後で長い

成葉は無毛。若葉は両面に褐色の軟毛が密生

先は鈍い

先寄りで最大幅

裏
粉白色を帯びる

頂芽は一つで大きい

ちぎるとツンとしたクスノキ科の香り

0.7倍

アカガシ
赤樫
Quercus acuta

ブナ科コナラ属　　　高木 (10-20m)

山地の照葉樹林を構成する主要種で、尾根付近にやや普通に生え、林をつくる。時にブナとも混生する。葉は硬い質感で、葉身長10-20㎝とカシ類最大。樹皮は灰褐色で鱗状にはがれ、しばしば橙色を帯びる。◆**本**(宮城・新潟以西)〜**九**。

葉はカシ類の中でも厚く、重厚感がある

タブノキ
椨木
Machilus thunbergii

クスノキ科タブノキ属　　　高木 (7-20m)

沿海の照葉樹林を構成する主要種。海岸〜山地の照葉樹林に広く普通に生え、海沿いの低地や谷間に林をつくる。葉身長9-16㎝で、若葉はしばしば赤く色づく。樹皮は灰色で平滑、老木は網目状に裂ける。別名イヌグス。◆**本**〜**琉**。植栽。

葉は枝先に集まってつき、頂芽が目立つ

ホソバタブ

細葉椨
M. japonica

クスノキ科タブノキ属　高木 (7-15m)

低山〜山地の照葉樹林の谷間にやや普通に生え、しばしば渓谷に沿って林をつくる。葉はタブノキを細長くした形で、葉身長9-18㎝。若葉は赤くならない。樹皮は灰白色でほぼ平滑。別名アオガシ。◆**本**(静岡・島根以西)〜**琉**。

葉は枝先に3枚かそれ以上集まってつく

バリバリノキ

ばりばりの木
Actinodaphne acuminata

クスノキ科アクチノダフネ属 高木 (7-15m)

沿海〜山地の照葉樹林内にやや稀に生え、南日本ほど多い。葉は非常に長く、葉身長12-25㎝。冬芽が未発達の状態では、時にホソバタブと紛らわしい。樹皮は灰白色でほぼ平滑。別名アオカゴノキ。◆**本**(千葉・島根以西)〜**琉**。

葉は枝先に集まってつく。若葉が出ている

不互全

中央で最大幅 / 縁は波打つ / 葉先は長く尖る / 粉白色を帯びる

冬芽はタブノキに似てやや小型

裏

縁はしばしば波打つ

冬芽は大きくて縞模様が入る

ホソバタブに比べ、側脈が隆起し、主脈から出る角度が広い

不互全

ちぎると爽やかな樟脳の香り

0.8倍

縁は波打つ

裏

三行脈が目立つ

粉白色を帯びる

葉脈の分岐点に1対の膨らみ（ダニ室）がある

クスノキ *Cinnamomum camphora* 樟

クスノキ科クスノキ属　高木 (10-25m)

沿海〜低山の照葉樹林にやや普通に生える。暖地で時に林をつくるが、かつての植林由来も多い。葉身長6-11㎝。樹皮は縦に細かく裂ける。◆**本**（関東・石川以西）〜**九**。植栽。本来の自生域は九州ともいわれるが、野生化が多く自生との区別曖昧。

葉はやや枝先に集まる。秋に黒い実がなる

葉先はあまり伸びない

粉白色を帯びる

裏

0.8倍

三行脈が目立つ

ちぎると弱い肉桂の香り

ヤブニッケイ 藪肉桂 *C. yabunikkei*

クスノキ科クスノキ属　高木 (7-12m)

沿海〜山地の照葉樹林に広く普通に生える。葉は互生と対生が交じり、葉身長6-12㎝。樹皮は暗灰色で平滑。秋に黒い実がなる。◆**本**（岩手・富山以西）〜**琉**。※栽培されるニッケイは、葉先と三行脈が長く伸び、ちぎると強い芳香がある。

葉の並び方でシロダモなどと区別可能

シロダモ

白だも
Neolitsea sericea

クスノキ科シロダモ属　　高木 (7-15m)

沿海〜山地の照葉樹林に広く普通に生える。ヤブニッケイと共に、照葉樹林の亜高木層に見られる代表種。葉身長8-17㎝。若葉は金色の毛をかぶる。樹皮は暗灰色で平滑。初冬に黄色い花と赤い実がつく。
◆**本**(宮城・秋田以南)〜**琉**。

葉は枝先や節に集まってつく

イヌガシ

犬樫
N. aciculata

クスノキ科シロダモ属　　高木 (7-15m)

沿海〜山地の照葉樹林にやや稀に生える。自生地では個体数が多い。葉はシロダモを小ぶりにした形で、葉身長5-11㎝。樹皮は暗灰色で平滑。春に赤い花が咲き、秋に黒い実がなる。別名マツラニッケイ。
◆**本**(千葉・石川以西)〜**琉**。

大ぶりの葉はシロダモと紛らわしい

不互全

葉先は長く尖る

粉白色で目立って白

0.7倍

裏

三行脈が目立つ

葉先はシロダモに比べ伸びない

葉柄や葉軸にやや毛が残る

0.8倍

三行脈が目立つ

芽は細長く尖る

裏

粉白色を帯びる

葉柄は1-2㎝で短い

カゴノキ

鹿子木
Litsea coreana

クスノキ科ハマビワ属　高木 (7-15m)

沿海～山地の照葉樹林にやや稀に生える。多少乾燥した地方に多く、西日本ほど普通。葉はタブノキを小さくした形で、葉身長7-13cm。樹皮は鱗状にはがれ、褐色や白色の斑になり目立つ。秋に赤い実がなる。◆**本**(福島・石川以西)～**琉**。

葉は枝先に集まってつく

ハマビワ

浜枇杷
L. japonica

クスノキ科ハマビワ属　小高木 (3-8m)

海岸や海岸近くの照葉樹林内にやや稀に生える。分布の中心は日本海側で、しばしば海岸の斜面に群生して林をつくる。葉身長10-20cm。樹皮は褐色で平滑。秋に黒い実がなる。◆**本**(島根・山口)・**四**(愛・高)・**九**・**琉**。植栽。

葉はビワより丸く、枝先に集まってつく

オガタマノキ *Magnolia compressa* 招霊木

モクレン科モクレン属　高木 (7-15m)

沿海〜低山の照葉樹林にやや稀に生える。南日本ほど多い。葉身長7-13㎝。芽は金色の毛に覆われ目立つ。樹皮は灰色で裂けない。2-4月に白い花が咲く。◆**本**（千葉・島根以西）〜**琉**。社寺に植栽され野生化も多く、自生との区別曖昧。

実は秋に熟して裂け、朱色の種子が出る

トキワガキ *Diospyros morrisiana* 常磐柿

カキノキ科カキノキ属　小高木 (5-12m)

沿海〜低山の照葉樹林内に稀に生える。葉はカキノキを細く小型にした印象で、葉身長7-12㎝。樹皮はカキノキに似て網目状に裂け、より黒っぽい。秋に径約2㎝の黄色い実がなる。◆**本**（静岡以西の太平洋側）〜**琉**。

葉の質感や枝、冬芽もカキノキに似る

不互全

縁はしばしば波打つ
先寄りで最大幅
裏
無毛で白みを帯びる
0.8倍
葉柄は1.5-3㎝と長く、枝や芽と共に金色の毛が生える
芽
枝を1周する線（托葉痕）がある

常緑にしては薄い質感
裏
0.7倍
葉身基部は葉柄に流れる
葉柄は5-12㎜
葉脈の網目が見える。両面無毛

ヤマモモ

山桃
Morella rubra

ヤマモモ科ヤマモモ属　高木 (5-15m)

沿海の照葉樹林にやや普通に生える。やや乾燥した土地の照葉樹林を構成する主要種で、ウバメガシやアカマツとも混生する。葉は枝先に集まり、葉身長6-12㎝。樹皮は灰白色で平滑。実は初夏に赤く熟す。
◆**本**(千葉・福井以西)〜**九**。植栽。

日陰の葉。葉はホルトノキと似る

ヤマモガシ

山茂樫
Helicia cochinchinensis

ヤマモガシ科ヤマモガシ属高木 (5-12m)

沿海〜低山の自然度の高い照葉樹林に稀に生え、南日本ほど増える。成木の葉は普通全縁で、葉身長6-12㎝、幼木〜若木は鋸歯縁で細長く、15㎝にもなる。樹皮は褐色でほぼ平滑。秋に黒い実がなる。
◆**本**(静岡以西の太平洋側)〜**琉**。

成木の枝葉。林内では若木を見る方が多い

ユズリハ

譲葉 *Daphniphyllum macropodum* subsp. *macropodum*

ユズリハ科ユズリハ属　小高木 (5-10m)

山地～低山の照葉樹林内にやや稀に生える。葉身長15-22㎝。樹皮は灰褐色でほぼ平滑。◆**本**(宮城・新潟以西)～**九**。植栽。※別亜種エゾユズリハは北～本の多雪地に普通に見られ、主幹が立たず樹高1-3mで、葉は側脈(そくみゃく)が少ない。

葉は枝先に集まり、古い葉は黄葉する

ヒメユズリハ

姫譲葉 *D. teijsmannii*

ユズリハ科ユズリハ属　小高木 (5-12m)

沿海の照葉樹林内にやや普通に生える。ユズリハより暖地性で、海辺の照葉樹林の代表種。葉はユズリハに似るが小型で、葉身(ようしん)も葉柄(ようへい)も細い。葉身長7-18㎝。樹皮は灰褐色でほぼ平滑。◆**本**(福島・福井以西)～**琉**。植栽。

葉はユズリハほど垂れ下がらない

葉先はやや急に尖る

裏

粉白色。葉脈の網目が大きい

葉先は次第に尖る

葉柄は赤いことが多い

ユズリハ

等倍

ヒメユズリハ

淡緑色。葉脈の網目がユズリハより小さい

裏

葉柄は赤いことも多い

幼木の葉。数個の鋸歯(歯牙)が出ることが多い

不互全

不互全

ヘラ形で先寄りが最大幅。葉先は鈍い

0.9倍

葉脈はあまり見えない

葉柄は赤い

モッコク　Ternstroemia gymnanthera　木斛

ペンタフィラクス科モッコク属 高木 (5-15m)

沿海の照葉樹林や海岸林にやや普通に生える。多少乾燥した林に多く、西日本ほど普通。葉身長5-8cm。樹皮は暗灰色で平滑。初夏に淡黄色の花が咲き、秋に赤い実がなる。
◆**本**(千葉・鳥取以西)〜**琉**。植栽。野生化の個体もある。

枝先に5枚前後の葉が集まってつく

葉は長く、モチノキより明らかに大きい

0.9倍

若木の葉。稀に鋸歯が出る

頂芽はカマ形

葉脈はあまり見えない

サカキ　Cleyera japonica　榊

ペンタフィラクス科サカキ属 小高木 (5-10m)

沿海〜山地の照葉樹林内にやや普通に生える。西日本ほど普通。葉身長7-12cm。樹皮は平滑で多少橙色を帯びる。秋に黒い実がなる。
◆**本**(福島・石川以西)〜**琉**。植栽。
※神社林に多く植えられて野生化し、自生との区別曖昧。

葉は枝に均等につく。頂芽が最大の特徴

イスノキ
Distylium racemosum　柞木

マンサク科イスノキ属　高木 (7-20m)

沿海〜山地の照葉樹林にやや稀に生える。南日本ほど多く、九州南部ではイスノキ林が多く見られる。葉身長4-9㎝。葉や芽に大小様々な虫えいがつく。樹皮は平滑で橙色を帯び、老木は鱗状にはがれる。◆**本**(千葉・島根以西)〜**琉**。植栽。

しばしば大型の虫えいがつき目立つ

- 両肩がやや角張る形が多い
- 不互全
- 0.9倍
- 裏
- 若木では時に少数の鋸歯が出る
- 葉脈の網目がよく見える
- 芽は褐色の星状毛をかぶる

トキワマンサク
Loropetalum chinense　常磐満作

マンサク科トキワマンサク属 小高木 (3-6m)

低山の照葉樹林内に稀に生える。日本では3ヵ所しか自生地がなく、国指定の絶滅危惧種。葉身長2-5㎝。各部に星状毛が多い。4-5月に白花が咲く。◆**本**(静岡・三重)・**九**(熊)。植栽。※ベニバナトキワマンサクは本種の変種で中国原産。

濃い緑色は前年の葉、黄緑色は若葉

- 葉先は尖るか丸い
- 両面に星状毛が多く、ざらつく
- 裏
- 若枝は特に星状毛が多い
- 白緑色。葉脈は突出
- 等倍

不互全

先は突き出て鈍い
のっぺりして側脈は不明瞭
葉柄は時に赤紫色を帯びる
0.9倍
幼木は鋭い鋸歯が出る
裏
比較的厚い質感

モチノキ
黐木
Ilex integra

モチノキ科モチノキ属　小高木 (5-10m)

沿海〜低山の照葉樹林内に普通に生える。シイ林や関東に多い。葉身長5-8cm。幼木や徒長枝の葉に鋸歯が出るのはモチノキ科共通の特徴。樹皮は灰白色で平滑。秋に径約1cmの赤い実がなる。◆本(宮城・山形以西)〜琉。植栽。

本属は雌雄異株で、春に地味な花が咲く

先は尖る
葉は幅広い。時に細い個体もある
幼木の葉。細かい鋸歯が出る
葉柄や枝は赤紫色
0.9倍
裏
側脈が見える

クロガネモチ
黒鉄黐
I. rotunda

モチノキ科モチノキ属　高木 (5-15m)

沿海〜低山の照葉樹林内にやや普通に生える。モチノキより西日本の暖地に多く、大木にもなる。葉は幅広く、葉身長6-10cm。幼木は鋸歯が出る。樹皮は灰白色で平滑。秋に径約6mmの赤い実がなる。◆本(茨城・福井以西)〜琉。植栽。

葉はやや二つ折り状。花は紫色を帯びる

ソヨゴ

冬青
I. pedunculosa

モチノキ科モチノキ属　小高木 (3-8m)

低山〜山地のやせた林や尾根にやや普通に生える。照葉樹林よりむしろ乾燥したアカマツ林に多く、夏緑樹林帯下部にも見られる。葉身長4-8cm。幼木では鋸歯(きょし)が出る。樹皮は灰色で平滑、やや縦すじが入る。◆**本**(宮城・新潟以西)〜**九**。植栽。

秋に長い柄の先に径約8mmの赤い実がなる

葉は小判形で、やや薄い質感

側脈が見える

裏

縁はよく波打つ

不互全

0.9倍

ツゲモチ

黄楊橳
I. goshiensis

モチノキ科モチノキ属　小高木 (5-12m)

沿海〜山地の照葉樹林に稀に生える。葉はモチノキを小さくした形で、ツゲよりはずっと大きい。葉身長3-6cm。幼木は鋸歯が出る。樹皮は灰色で平滑。秋に径約5mmの赤い実がなる。◆**本**(三重・和歌山・兵庫)・**四**・**九**(長・熊・宮・鹿)・**琉**。

丸みの強い葉、細めの葉と変異がある

先は突き出て鈍いか、わずかに凹む

モチノキより薄い質感

0.9倍

裏

葉は菱形状で、中央が最大幅

側脈は不明瞭

不互全

モチノキに似るが側脈がやや見える

0.8倍

やや先寄りで最大幅

裏

ちぎると甘い芳香

葉柄は赤みを帯びることはない

シキミ 樒
Illicium anisatum

マツブサ科シキミ属　小高木 (3-8m)

山地の林内にやや普通に生える。尾根や斜面のカシ林やモミ・ツガ林によく見られる。葉身長5-11㎝、広狭はやや変異がある。樹皮は黒褐色。有毒木。◆**本**(宮城・新潟以西)〜**琉**。墓地や社寺に植栽され、野生化もある。

葉は枝先に集まってつく。花期は3-4月

先付近に低い波状鋸歯が出ることもある

ちぎると柑橘系の芳香

※稀に葉脈が裏に突出する品種ウチダシミヤマシキミがある

(ツルシキミ)

0.8倍

裏

葉を透かすと小さな油点が見える

ミヤマシキミ 深山樒
Skimmia japonica

ミカン科ミヤマシキミ属　低木 (0.3-1.5m)

山地の照葉樹林内や夏緑樹林内にやや普通に生え、時に群生する。葉身長は普通6-12㎝。多雪地の個体は幹が地をはい樹高0.5m以下、葉身長4-6㎝で、変種ツルシキミに区分されるが、中間型も多い。有毒木。◆**北〜九**。

葉は枝先に集まってつく。秋に赤実がなる

タチバナ

橘 *Citrus tachibana*

ミカン科ミカン属　小高木 (2-5m)

海岸の照葉樹林内や石灰岩地に稀に生える。国指定の絶滅危惧種。葉身長5-12cm。形態は柑橘類と同じで、秋に径2-3cmの実がなる。別名ニッポンタチバナ。◆**本**(静岡〜和歌山・山口)・**四**・**九**・**琉**。植栽、野生化もあり、自生との区別曖昧。

葉はキンカンを一回り大きくした印象

カカツガユ

和活ヵ柚 *Maclura cochinchinensis* var. *gerontogea*

クワ科ハリグワ属　つる性木本

沿海の照葉樹林内や林縁に稀に生える。樹高3m前後の低木状だが、刺のある枝をつる状に伸ばし、時に10m以上も高木に登る。葉身長3-8cm。樹皮ははがれる。秋に橙色の実がなる。別名ヤマミカン。◆**本**(山口)・**四**(愛・高)・**九**・**琉**。

若木の葉は小型で弓なりに枝を伸ばす

― 先は凹む
― 多少凹凸があるがほぼ全縁
0.8倍
― ちぎると柑橘系の芳香
― 葉柄との境に関節がある
葉柄は1cm以下で翼はない。ユズは広い翼がある
しばしば大小の刺がある

先寄り〜中央で最大幅
若木では時に少数の低い鋸歯が出る
0.8倍
しばしば葉の基部に数cmの刺がある

不互全

不互全

0.7倍

先は突き出る

裏

葉の基部に枝を1周する托葉痕がある(イチジク属共通)

基部の3脈が目立つ

枝葉を傷つけると白い乳液が出る(イチジク属共通)

裏

葉裏に立つ毛が多い。細脈は突出

葉脈間がしばしば膨らむ

0.8倍

(幼形葉)

先は鈍い

多少有毛で光沢は弱い

基部の側脈と主脈の角度は50-60°

数個の鈍い鋸歯(歯牙)がしばしば出る

アコウ
赤榕
Ficus subpisocarpa

クワ科イチジク属　　高木 (5-15m)

海岸や沿海の照葉樹林の谷間や岩場にやや稀に生える。亜熱帯ほど普通。葉身長10-20cm。不定期に一斉に落葉することがある。樹皮は灰白色で幹から気根(きこん)を出し、しばしば岩や他の木に絡みつく。◆**本**(和歌山・山口)・**四**・**九**・**琉**。植栽。

葉は枝先に集まる。実は小型のイチジク状

ヒメイタビ
姫崖石榴
F. thunbergii

クワ科イチジク属　　つる性木本

沿海～低山の照葉樹林内や林縁にやや稀に生える。枝は気根を出し、地や岩をはったり木に登る。葉は2形あり、成形葉(せいけいよう)は葉身長3-6cm、地をはう枝の幼形葉(ようけいよう)は1-3cm。秋に径約2cmのイチジク状の実がなる。◆**本**(千葉・島根以西)～**琉**。

地面から立ち上がった枝の葉は大きい

イタビカズラ

崖石榴
F. nipponica

クワ科イチジク属　　**つる性木本**

沿海〜低山の照葉樹林内や林縁にやや普通に生える。暖地ほど多い。枝は気根を出し、地をはったり木に登る。葉は3種の中で細長く、葉身長6-12cm。地をはう枝の葉は小型だがほぼ同形。実は径約1cmと小型。◆**本**（福島・新潟以西）〜琉。

スギの幹に登った枝

オオイタビ

大崖石榴
F. pumila

クワ科イチジク属　　**つる性木本**

海岸〜沿海の照葉樹林内や林縁にやや稀に生える。枝は気根を出し、岩や地をはったり木に登る。葉は2形あり、成形葉は葉身長5-10cmで幅広く、幼形葉は1-3cmでハート形状。実は径3-4cmと大型。◆**本**（千葉以西の太平洋側）〜琉。植栽。

立ち上がった枝。実はイチジク状で紫色

不互全

先は尖る

0.8倍

裏

両面ほぼ無毛

両面ほぼ無毛。細脈は突出

側脈と主脈は50-60°

光沢が強く、厚く硬い質感

裏

先は鈍い

0.8倍

（幼形葉）

成形葉では側脈と主脈は30-40°

葉脈間がしばしば膨らむ

不互全

側脈は多数並ぶが見えにくい

淡緑色でのっぺり

裏

0.6倍

主脈がよく隆起

1.2倍
頂芽

葉柄はよく赤みを帯びる

時に小型の鋸歯が出る

のっぺりして光沢がある。淡緑色の腺点が散在

裏

基部近くの側脈が長く伸びる

0.9倍

タイミンタチバナ *Myrsine seguinii*
大明橘

サクラソウ科ツルマンリョウ属 小高木(2-6m)

沿海〜低山の自然度の高い照葉樹林内や林縁にやや稀に生える。自生地では個体数も多い。葉身長5-17cm、日なたの個体は葉が著しく小型化する。ミミズバイに似るが全縁で葉裏は白くない。◆**本**(千葉・島根以西)〜**琉**。

若い実がつけた枝。秋に黒紫色に熟す

ツルマンリョウ *M. stolonifera*
蔓万両

サクラソウ科ツルマンリョウ属 低木(0.3-1m)

低山〜山地の常緑樹林内の尾根付近に稀に生え、群生する。社寺林などに局地的に隔離分布する。幹はややつる状になり地をはう。葉身長4-9cm。秋に径5mmの赤実がなる。別名ツルアカミノキ。◆**本**(奈良・広島・山口)・**屋久島**・**琉**。

葉の広狭には変異がある

カラタチバナ 唐橘 *Ardisia crispa*

サクラソウ科ヤブコウジ属　低木 (0.2-0.7m)

沿海〜低山の照葉樹林内に稀に生え、神社林などに点在する。野生化も多いマンリョウやセンリョウに比べて個体数が少なく、盗掘の被害もある。葉身長10-20㎝。別名ヒャクリョウ。◆**本**（福島・新潟以西）〜琉。植栽。

秋〜冬に径1cm弱の赤い実がなる

トベラ 扉 *Pittosporum tobira*

トベラ科トベラ属　　　　低木 (1-3m)

海辺の低木林を構成する主要種で、海岸〜沿海の照葉樹林に普通に生える。内陸の岩場にも生える。葉は枝先に集まってつき、葉身長5-10㎝。日なたの葉ほど小型で反る。秋に実が裂け橙色の種子が出る。◆**本**（岩手・新潟以西）〜琉。植栽。

4-6月に花が咲き、白から黄色に変わる

ツルグミ

蔓茱萸
Elaeagnus glabra

グミ科グミ属 　　　**低木 (2-4m)**

沿海〜低山の照葉樹林内や林縁に普通に生える。枝はややつる状になり、下向きの小枝で木などに絡む。葉身長5-9㎝。◆**本**（福島・新潟以西）〜**琉**。※ツルグミ、ナワシログミ、マルバグミの3種間で雑種がある。いずれも秋に開花、春に結実。

半つる性の木。実は赤く食べられる

ナワシログミ

苗代茱萸
E. pungens

グミ科グミ属 　　　**低木 (1.5-3m)**

海岸〜低山の照葉樹林内や林縁にやや普通に生える。やせ地に多い。葉は長い小判形で、葉身長5-9㎝。小枝は刺状になり、葉の基部にも刺が出る。◆**本**（静岡・石川以西）〜**琉**。植栽。関東にも野生化した個体が多く見られる。

グミ類の実は食べられる。若葉は白っぽい

マルバグミ

丸葉茱萸
E. macrophylla

グミ科グミ属 低木 (2-4m)

海岸や海岸近くの照葉樹林内、崖地にやや普通に生える。暖地に多い。枝はややつる状になるが、刺はない。葉は円形〜広い楕円形、葉身長6-10㎝。グミ類は各部に鱗状毛が多い。別名オオバグミ。◆**本**(岩手・秋田以南)〜**琉**。

不互全

縁は波打つ
0.7倍
鱗状毛があるが次第に落ちる
裏
鱗状毛が密生し銀白色。褐色の鱗状毛が点在

葉はグミ類最大で、若葉ほど銀色を帯びる

コショウノキ

胡椒木
Daphne kiusiana

ジンチョウゲ科ジンチョウゲ属 低木 (0.5-1m)

低山〜山地の照葉樹林内にやや稀に生える。葉身長5-12㎝。枝は光沢があり、紫を帯びた褐色。初夏に赤い実がなる。◆**本**(千葉・福井以西)〜**琉**。※植栽されるジンチョウゲは、葉がやや小型でしわが目立つ個体が多い。

先寄りで最大幅
ジンチョウゲより葉先がよく尖る
裏
側脈はかなり鋭角に出る
葉柄はごく短い
0.8倍

葉は枝先に集まる。1-4月に白花が咲く

シャクナゲ

石楠花 *Rhododendron japonoheptamerum*

ツツジ科ツツジ属 　　　　**低木（2-5m）**

夏緑樹林帯に近い山地の、岩場や尾根の林内にやや稀に生える。葉身長10-18cm。本州のホンシャクナゲ、九州・四国・紀伊のツクシシャクナゲなどの変種に細分される。◆**本**（静岡・新潟以西）〜**九**。植栽。※東日本はアズマシャクナゲが分布。

枝先に大きな芽があり、4-6月に花が咲く

葉は細長い楕円形。厚い質感

裏

ホンシャクナゲ。褐色の毛が薄く密生。ツクシシャクナゲはスポンジ状に密生

ヒカゲツツジ

日陰躑躅 *R. keiskei*

ツツジ科ツツジ属 　　　　**低木（0.5-2m）**

山地の岩場や渓谷、モミ・ツガ林内などにやや稀に生える。葉は枝先に5枚前後集まり、葉身長4-9cm。葉幅が広めで裏が白い変種ウラジロヒカゲツツジ（関東北部に分布）は、国指定の絶滅危惧種。◆**本**（茨城・新潟以西）〜**九**。植栽。

日陰に多く、4-5月に薄黄色の花が咲く

裏

黄色い腺状鱗片が散らばる

光沢は弱く、薄い質感

腺状鱗片が多少ある

フウトウカズラ

風藤葛 *Piper kadsura*

コショウ科コショウ属　つる性木本

自然度の高い海岸～沿海の照葉樹林内にやや普通に生える。じめっとした場所に群生し、気根を出して木に登ったり地面をはう。葉はハート形～卵形で、葉身長6-12㎝。初夏に黄白色の花をひも状につける。◆**本**（千葉・島根以西）～**琉**。

葉を密につけ、しばしば林内を覆い尽くす

ハスノハカズラ

蓮葉葛 *Stephania japonica*

ツヅラフジ科ハスノハカズラ属 つる性木本

海岸～低山の林縁や照葉樹林内、岩場にやや稀に生え、他の植物に巻きついたり地をはう。南日本ほど個体数が多い。葉はハスの葉形で、葉身長6-12㎝。夏に淡黄色の花が咲き、秋に赤い実がなる。◆**本**（神奈川・島根以西）～**琉**。

自生地では雑草のごとく茂る

不互鋸

先半分に粗い鋸歯 / 厚い質感 / 裏 / 白〜褐色を帯び、毛が多少ある

アラカシ
粗樫
Quercus glauca

ブナ科コナラ属 高木 (7-20m)

低山〜山地の照葉樹林を構成する主要種で、広く普通に生える。カシ類の中では、人里近い二次林にも最も多く見られ、林をつくる。葉は楕円形で、葉身長7-13㎝。樹皮は灰黒色で縦すじが入る。◆**本**（宮城・新潟以西）〜**琉**。植栽。

幅広い葉が特徴だが、広狭の変異も多い

鋸歯は小ぶりでやや鈍い / 裏 / 側脈は広い角度に出て平行に並ぶ / やや白みを帯びた淡緑色

シラカシ
白樫
Q. myrsinifolia

ブナ科コナラ属 高木 (10-20m)

関東の低地に最も普通に見られるカシで、林をつくる。他の地方では比較的少なく、低地〜山地の照葉樹林や岩場にやや普通に点在する。葉は細い楕円形で、葉身長7-12㎝。樹皮は灰黒色で縦すじが入る。◆**本**（福島・新潟以西）〜**九**。植栽。

カシ類の中で最も葉が細い

ウラジロガシ

裏白樫 *Q. salicina*

ブナ科コナラ属 　高木 (10-20m)

山地の照葉樹林を構成する主要種で、山地〜低山に広く普通に生える。葉身長7-13㎝。全体シラカシに似るが葉裏がより白く、落ち葉で特に顕著。葉がやや広い個体もある。樹皮は灰黒色で縦すじが入る。◆**本**(宮城・山形以西)〜**琉**。

樹冠を見上げると葉裏の白さが目立つ

(広い葉) 裏 / 縁はよく波打つ / 鋸歯はシラカシより鋭い / 不互鋸 / 0.7倍 / ロウ質に覆われ、粉白色 / やや薄く、パリパリした質感

ツクバネガシ

衝羽根樫 *Q. sessilifolia*

ブナ科コナラ属 　高木 (7-20m)

山地〜低山の照葉樹林にやや稀に生える。西日本に多く、谷沿いや岩場に時に林をつくる。葉身長7-12㎝。樹皮は灰黒色で縦すじが入り、次第に鱗状にはがれる。◆**本**(宮城・富山以西)〜**九**。※アカガシとの雑種オオツクバネガシも多い。

葉は枝先に4-5枚集まってつく傾向が強い

裏 / 先付近に小さな鋸歯がある。時に全縁 / 0.7倍 / 光沢のある緑色。アカガシと同じ色 / 葉柄は1.5㎝以下と短い

不互鋸

先寄りで最大幅
先半分に鋭い鋸歯
0.7倍
黄褐色の毛が密生
裏
葉柄も毛が密生

イチイガシ
一位樫
Quercus gilva

ブナ科コナラ属 　　　**高木 (10-20m)**

低地〜山地の照葉樹林にやや稀に生える。九州では個体数が多く、主にシイ類と共に林をつくる。葉身長7-15㎝。葉裏、若枝、殻斗(かくと)などに星状毛(せいじょうもう)が多い。樹皮は白っぽく、網目〜縦に不規則にはがれる。◆**本**(千葉以西の太平洋側)〜**九**。

葉柄や若枝の褐色毛が目立つ

先付近に小さな鋸歯
光沢のある緑色
0.7倍
先寄り〜中央が最大幅
主脈はやや突出
芽は赤みを帯び細長い
葉柄は1.5㎝以下
裏

ハナガガシ
葉長樫
Q. hondae

ブナ科コナラ属 　　　**高木 (10-20m)**

低山の照葉樹林に稀に生える。国指定の絶滅危惧種。分布の中心は宮崎県で、シイ類やイスノキと混生する。葉身長6-15㎝。形態はツクバネガシに近く、雑種もある。樹皮は縦に浅く裂けるか滑らか。◆**四**(愛・高)・**九**(大・熊・宮・鹿)。

名の通り葉は長く、枝先に集まってつく

ウバメガシ

姥目樫
Q. phillyreoides

ブナ科コナラ属　小高木 (3-10m)

海岸の崖地や海に近い低山にやや稀に生える。紀伊半島以西に多く、樹高5m前後の林をつくる。乾燥によく適応し、葉はやや薄く硬い質感で、硬葉樹に近い形態。葉身長3-6㎝。樹皮は縦に裂ける。◆**本**(千葉以西の太平洋側)〜**琉**。植栽。

花期は4-5月。葉は枝先に集まってつく

小ぶりな鋸歯がある。稀に全縁

0.9倍

葉柄は星状毛を密生

裏

裏

はじめ星状毛があり、後に無毛

品種ケウバメガシは葉裏全面に星状毛が残る。
※乾燥地や風衝地の個体の葉は小型化する

不互鋸

ヤマグルマ

山車
Trochodendron aralioides

ヤマグルマ科ヤマグルマ属　高木 (5-15m)

山地の岩場や急斜面の樹林内にやや稀に生え、岩にしがみつくように根を張る。照葉樹だが夏緑樹林帯の山岳で見られることも多い。葉身長6-14㎝、広狭の変異が多い。枝は面状に広がり階層をつくる。◆**本**(福島・山形県以南)〜**琉**。

丸い葉も多い。葉は枝先に集まってつく

先寄りで最大幅

側脈が平行に並ぶ

0.5倍

葉柄は長い

裏

両面無毛ですべすべ

不互鋸

先は長く突き出る
鋸歯は鈍い
裏
等倍
のっぺりしたつや消しの質感で、薄い
全体無毛

ハイノキ
灰木
Symplocos myrtacea

ハイノキ科ハイノキ属　小高木 (3-8m)

山地〜低山の針葉樹林内や、やせた樹林内にやや稀に生える。岩場のカシ林やモミ・ツガ林で見られることが多い。葉身長4-7㎝。樹皮は暗い褐色で裂けない。4-5月に白い花が咲く。◆**本**(近畿以西の主に太平洋側)〜**九**。植栽。

葉はやや疎らにつき、繊細な印象の木

低い鋸歯があるか、時に全縁。幼木の鋸歯は粗い
等倍
裏
頂芽は尖る
枝は稜があり角張る
側脈がよく見える

クロキ
黒木
S. kuroki

ハイノキ科ハイノキ属　小高木 (4-10m)

分布は西に偏るが、分布域では沿海〜低山の照葉樹林内に普通に生え、コナラやアカマツの二次林にも多い。葉はモチノキに似た厚い質感で、葉身長5-7㎝。樹皮は黒褐色で縦すじが入る。◆**本**(岡山・鳥取以西)・**四**・**九**・**琉**。

春に花が咲き、秋に黒紫色の実がなる

シロバイ

白灰
S. lancifolia

ハイノキ科ハイノキ属　小高木 (3-8m)

低山〜山地の自然度の高い照葉樹林内にやや稀に生える。比較的乾燥した場所に見られる。葉身長4-8㎝。樹皮は白褐色で滑らか。晩夏に白い花が咲き、秋に長さ6㎜前後の黒紫色の実がなる。◆**本**（静岡以西の太平洋側）〜**九**。

暗い林内で葉の縁が波打つ様子が目立つ

等倍 / 薄い質感で、縁は波打つ / 裏面も光沢が強い / 裏 / 枝に褐色の毛が生える / 葉柄はごく短い

不互鋸

クロバイ

黒灰
S. prunifolia

ハイノキ科ハイノキ属　小高木 (3-10m)

低山〜山地の照葉樹林内にやや稀に生える。乾燥した林や、やせた尾根によく見られる。葉身長5-7㎝。4-5月に樹冠いっぱいに白花をつけ、非常に目立つ。樹皮は暗褐色でイボ状の皮目が多い。◆**本**（千葉・福井以西）〜**琉**。

黒光りするような独特の光沢がある

先は長く突き出る / かなり暗い緑色 / 等倍 / 鋸歯は鈍い。幼木では粗い / 頂芽は水滴形で赤みを帯びる / 葉柄は赤みを帯びる / 裏 / 全体無毛

不互鋸

先はやや尖るか、丸い
先付近に小さな鋸歯があるか、全縁
裏
粉白色を帯び、側脈が緑色に見える
芽は尖り、褐色の毛をかぶる
0.6倍

鋸歯は小ぶり
鈍い光沢感
裏
側脈が緑色に見える
芽は褐色の毛が密生
0.6倍

ミミズバイ
蚯蚓灰 *S. glauca*

ハイノキ科ハイノキ属　小高木 (5-12m)

沿海〜低山の照葉樹林にやや稀に生える。自然度の高い社寺林などに多く、沿海のシイ類主体の照葉樹林を構成する主要種。葉身長10-20cm、葉形は長短など変異が多い。樹皮は灰褐色で平滑。◆**本**(静岡以西の太平洋側)〜**琉**。

細長い葉が枝先に集まってつく

カンザブロウノキ
勘三郎木 *S. theophrastifolia*

ハイノキ科ハイノキ属　小高木 (5-12m)

沿海〜低山の照葉樹林にやや稀に生える。南日本の自然度が高い林ほど多い。葉身長10-20cm。日陰の葉は幅広く、日なたは細く小さめ。樹皮は灰白色で平滑。晩夏に白花が咲き、秋に黒紫色の実がなる。◆**本**(静岡以西の太平洋側)〜**九**。

大きな葉と特有の光沢感が特徴

タラヨウ

多羅葉
Ilex latifolia

モチノキ科モチノキ属　高木 (7-15m)

低山の主に渓谷沿いの照葉樹林にやや稀に生える。葉は大型で葉身長12-20㎝。バクチノキの葉に似るが蜜腺はなく、樹皮は灰白色で滑らか。別名ノコギリシバ。◆**本**(静岡・鳥取以西)〜**九**。社寺に植栽され、野生化もある。

葉は硬くて厚い。秋に赤い実がなる

葉は硬く、鋸歯はノコギリのように鋭い
側脈は不明瞭
側脈が浮き出て見える
傷つけると茶色くなり、字が書ける
裏
0.5倍
不互鋸

イヌツゲ

犬黄楊
I. crenata

モチノキ科モチノキ属　小高木 (0.5-10m)

低地〜山地の樹林内に普通に生える。樹高1-2mの低木状が多いが、時に大木もある。葉身長1.5-3㎝。葉が幅広い変種オオバイヌツゲや、幹が地をはう変種ハイイヌツゲ(多雪地に分布)などがある。樹皮は灰色で平滑。◆**北**(南部)〜**九**。植栽。

秋に径約6mmの黒い実がなる

主脈は明色
低い鋸歯が少数ある
裏
側脈は不明瞭
(オオバイヌツゲ)
両面無毛
等倍

不互鋸

鋸歯は低く鈍い

0.9倍

常緑樹にしては薄い質感

裏

先は長く突き出る

側脈は緑色に見える

鋸歯は小型。もっと目立たないことも多い

等倍

裏

淡緑色で両面無毛

葉柄は4-8mmと短め

ナナミノキ
七実木
I. chinensis

モチノキ科モチノキ属　　高木 (7-15m)

低山〜沿海の照葉樹林にやや稀に生える。西日本ほど普通で、多少乾燥した林やアカマツ林に多い。葉身長7-13cm。幼木の葉は鋸歯が粗い。樹皮は灰白色で平滑。秋に赤い実がなる。別名ナナメノキ。◆**本**(静岡・島根以西)〜**九**。

葉はアラカシに似るが鋸歯は目立たない

シイモチ
椎黐
I. buergeri

モチノキ科モチノキ属　小高木 (5-10m)

低山〜沿海の照葉樹林内に稀に生える。ツブラジイ林やシリブカガシ林に見られることが多い。葉身長5-8cm。樹皮は灰白色で平滑。秋に赤い実がなる。◆**本**(島根・広島・山口)・**四**(愛媛)・**九**。※モチノキとの雑種ナリヒラモチがある。

名の通り葉の形はシイに似る

クロソヨゴ
黒冬青 *I. sugerokii* var. *sugerokii*

モチノキ科モチノキ属　　**低木 (2-4m)**

山地の岩場に稀に生える。照葉樹林帯上部のツガ・モミ林内によく見られる。葉身長2.5-4㎝。樹皮は暗い灰色。◆**本**（山梨以西の主に太平洋側）・**四**。※変種のアカミノイヌツゲは中部以北の亜高山に分布し、葉はやや小型で果柄が短い。

秋に2-4㎝の柄の先に赤い実がなる

不互鋸

先半分に少数の鋸歯がある

平滑で光沢感が強い

等倍

枝はやや稜があり、微毛がある

チャノキ
茶木 *Camellia sinensis*

ツバキ科ツバキ属　　**低木 (1-2m)**

中国原産だが、人里近い照葉樹林内やスギ林内、コナラ林内などにやや普通に野生化している。葉身長5-9㎝。秋に白花が咲き、径約2㎝の実がなる。◆**本〜九**に野生化。植栽。九州や伊豆半島に自生があるとする説もあった。

葉脈の凹みがしわとなって目立つ

葉先はわずかに凹む

等倍

中央〜先寄りで最大幅

葉脈は表で凹み、裏に隆起

裏

両面無毛

不互鋸

葉は広い楕円形

裏

0.7倍

光沢が強く、厚く、硬い

葉柄や枝は無毛。葉身も両面無毛

中央で最大幅

葉先はわずかにくぼむ

等倍

裏

両面の主脈上や葉柄に毛がある

一年枝も毛が多い

ヤブツバキ
藪椿
C. japonica

ツバキ科ツバキ属 　　　小高木 (3-10m)

日本の照葉樹林帯を代表する木で、沿海〜山地の照葉樹林内に広く普通に生える。葉身長6-11㎝。樹皮は平滑で白い。◆**本〜琉**。植栽。
※別種のユキツバキは日本海側の多雪地に分布し、幹がやや地をはう低木で、鋸歯が鋭く葉柄は有毛。

秋〜春に赤い花が半開き状に咲く

サザンカ
山茶花
C. sasanqua

ツバキ科ツバキ属 　　　小高木 (2-7m)

南日本の沿海〜山地の照葉樹林内にやや普通に生える。自生地では個体数も多い。植栽個体に比べ、葉は細いものが多く、ヒサカキに似る。葉身長3-6㎝。樹皮は平滑で白い。花は白色で晩秋に咲く。◆**本**(山口)・**四**・**九**・**琉**。植栽。

葉はやや裏側へ反り返るものが多い

ヒサカキ *Eurya japonica* 柃

ペンタフィラクス科ヒサカキ属 小高木 (2-7m)

沿海〜山地の照葉樹林内に広く普通に生える。人手の入った二次林やアカマツ林にも多く、株立ち状の個体も多い。葉身長4-7㎝。樹皮は褐色でやや縦すじが入る。秋に径約5㎜の黒い実がなる。◆**本**（岩手・秋田以南）〜**琉**。植栽。

春に黄色の花をつけ、特有の臭いを放つ

裏　先寄りで最大幅
葉脈の網目がよく見える
葉先はわずかに凹む
両面無毛。枝も無毛
等倍

不互鋸

ハマヒサカキ *E. emarginata* 浜柃

ペンタフィラクス科ヒサカキ属低木 (0.5-5m)

海岸の岩場や海岸林にやや稀に生える。強い潮風が吹きつける場所にしばしば群生し、海岸風衝低木林をつくる。葉身長2-5㎝。樹皮は灰褐色。花は秋に咲き、黒紫色の実が同時に熟す。◆**本**（千葉・鳥取以西）〜**琉**。植栽。

葉はパリパリした質感で乾燥に耐える

葉先は凹む
頂芽は小さなカマ形
先寄りで最大幅のヘラ形
裏
両面無毛
等倍

不互鋸

0.8倍

裏

鈍い鋸歯が必ずある

脈腋に水かき状の膜がある

若木の葉は主脈が赤くなる

ほぼ中央が最大幅

ホルトノキ
ほるとの木
Elaeocarpus zollingeri

ホルトノキ科ホルトノキ属　高木（10-20m）

沿海の照葉樹林にやや稀に生える。暖地の社寺林や瀬戸内海沿岸に比較的多い。葉は枝先に集まってつき、葉身長6-12㎝。樹皮は灰褐色で裂けない。全体ヤマモモに似る。別名モガシ。◆**本**（千葉以西の太平洋側）〜**琉**。植栽。

赤く紅葉した古い葉が一年中見られる

葉は小判形。中央が最大幅

裏

0.7倍

脈腋に水かき状の膜がある

葉柄の両端がふくらみ、赤くなる

コバンモチ
小判黐
E. japonicus

ホルトノキ科ホルトノキ属　高木（5-15m）

沿海〜低山の照葉樹林内にやや稀に生える。高木だが小高木程度の個体も多い。葉は枝先に集まってつき、葉身長6-12㎝。ホルトノキ同様に古い葉は赤くなる。樹皮は灰褐色で縦すじが入る。◆**本**（三重・和歌山・島根・広島・山口）〜**琉**。

枝葉を面状に広げる。赤い葉が目につく

ヤマビワ

山枇杷
Meliosma rigida

アワブキ科アワブキ属　小高木 (5-12m)

沿海〜山地の照葉樹林内にやや稀に生え、南日本ほど多い。葉身長は12-25cmで、普通はビワより小ぶり。樹皮は灰白色で平滑で、粒状の皮目が目立つ。初夏に白い花が咲き、秋に黒紫色の実がなる。◆**本**（静岡以西の太平洋側）〜**琉**。

葉はビワに似て枝先に集まってつく

葉はビワより薄い

鋸歯は鋭いか鈍い。稀に全縁

不互鋸

裏

裏は赤褐色の毛があるがビワより少ない

ビワ

枇杷
Eriobotrya japonica

バラ科ビワ属　小高木 (3-8m)

中国原産といわれるが、西日本の石灰岩地などに自生状で見られるほか、人里近い照葉樹林内によく野生化する。葉は大型で枝先に集まってつき、葉身長17-25cm。樹皮は灰色でほぼ平滑。◆**本**（関東以西）〜**九**。植栽。

初冬に白い花が咲く。果期は5-6月

葉柄は2-4cmで基部はふくらむ

葉は硬く、側脈が凹む

葉柄は1cm以下

裏は褐色の綿毛が密生する

47

不互鋸

0.5倍

裏

鋸歯は小型だが鋭い

葉は楕円形で両面無毛

基部にイボ状の蜜腺が1対ある

バクチノキ
博打木
Laurocerasus zippeliana

バラ科バクチノキ属　高木 (8-15m)

沿海の照葉樹林の谷間など、多少湿った場所にやや稀に生える。葉は大型で葉身長9-18㎝。蜜腺がよい区別点。花はブラシ状につき初秋に咲く。樹皮ははがれて橙色の斑になる。別名ビランジュ。◆**本**(千葉以西の太平洋側)〜**琉**。

タラヨウやカンザブロウノキと並ぶ大型葉

成木は全縁か先近くに鋸歯がある

幼木は刺状の鋸歯がある

0.7倍

裏

基部に1対の蜜腺があるが目立たない

葉脈の網目が見える

リンボク
橉木
L. spinulosa

バラ科バクチノキ属　小高木 (5-12m)

山地の照葉樹林の谷間などにやや稀に生える。葉身長7-10㎝。幼木の葉は鋭い鋸歯があるが、樹齢と共に減る。花はブラシ状につき初秋に咲く。樹皮はサクラに似て横向きの皮目がある。別名ヒイラギガシ。◆**本**(福島・福井以西)〜**琉**。

縁は波打ち、成木ほど全縁の葉が多い

カナメモチ

要黐 *Photinia glabra*

バラ科カナメモチ属　　小高木 (3-7m)

低山の照葉樹林の尾根や、乾燥した斜面にやや稀に生える。花崗岩地に多い。葉身長6-11㎝。初冬に赤い実がなる。別名アカメモチ。◆**本**(静岡・福井以西)〜**九**(福・長・熊・鹿)。植栽。※オオカナメモチは葉柄が約2倍長く、葉は大型。

若葉は赤みを帯びる。栽培品はより鮮やか

鋸歯は小さいが鋭い

0.9倍

先寄りで最大幅

裏

葉脈の網目が見える

葉柄に鋸歯状の突起がある。オオカナメモチにはない

不互鋸

シャリンバイ

車輪梅 *Raphiolepis indica* var. *umbellata*

バラ科シャリンバイ属　　低木 (1-4m)

海岸林や沿海の照葉樹林内にやや普通に生える。葉身長4-9㎝。葉形に変異があり、葉が丸い個体を変種マルバシャリンバイに区分する見解もある。5月頃に白花が咲き、秋に黒紫色の実がなる。◆**本**(宮城・山形以西)〜**琉**。植栽。

葉は枝先に車輪状に集まってつく

厚い質感で、鋸歯は鈍い

0.9倍

葉脈の網目が非常に目立つ

裏

葉柄はしばしば赤みを帯びる

マルバシャリンバイのタイプ。鋸歯が少ないか全縁

クスドイゲ くすど毬 *Xylosma congesta*

ヤナギ科クスドイゲ属　小高木 (2-7m)

海岸近くの照葉樹林内や、日当たりのよい岩場にやや稀に生える。低木状のことも多い。若枝に刺があり、成木の幹は分岐した鋭い刺がある。葉身長3-9cm。若木や徒長枝の葉は小型でしばしば丸い。◆**本**(和歌山以西の主に太平洋側)〜**琉**。

0.7倍

斜上する側脈が目立つ

(若木の葉)

裏

枝は皮目が目立つ

若木は葉腋に刺が出る

葉は薄めでやや硬い質感。秋に黒実がなる

ハドノキ はどの木 *Oreocnide pedunculata*

イラクサ科ハドノキ属　小高木 (3-8m)

沿海の照葉樹林内の谷間などにやや稀に生える。葉身長6-15cm。秋〜春に白い実がなる。◆**本**(伊豆諸島・静岡・和歌山)・**四・九**(大・宮・鹿)・**琉**。※葉裏に白毛が密生するイワガネ(落葉低木・四〜九)との雑種ハドイワガネもある。

0.7倍

常緑樹にしては薄い質感

裏

葉柄や葉裏の3脈は赤みを帯びることが多い

多少有毛か無毛

葉は草本のように見える質感

シャシャンボ *Vaccinium bracteatum* 小小坊

ツツジ科スノキ属　　小高木 (2-5m)

沿海〜低山の尾根や、やせた照葉樹林内、アカマツ林内などにやや普通に生える。葉身長4-8cmで、若葉は赤く色づく。樹皮は橙色を帯び、縦に細かく裂けてはがれる。秋に黒紫の色の実がなる。◆**本**(千葉・石川以西)〜**琉**。植栽。

葉柄が短いことがスノキ属の特徴

不／互／鋸

鋸歯は浅くて目立たない

等倍

(やや細い葉)

主脈の所々に微突起があり、指でなぞると引っ掛かる

葉柄はごく短く、赤みを帯びることが多い

裏

アセビ *Pieris japonica* 馬酔木

ツツジ科アセビ属　　低木 (1.5-4m)

山地〜低山のアカマツ林内ややせた照葉樹林内に普通に生える。尾根に多く、夏緑樹林帯下部にも見られる。葉身長4-9cm。樹皮は灰褐色で縦にややねじれるように裂ける。春に白い花をぶら下げる。◆**本**(宮城・山形以南)〜**九**。植栽。

葉は枝先に集まってつき、若葉は赤い

鋸歯は小さく目立たない

やや先寄りで最大幅

等倍

葉脈の網目模様が見える

裏

葉柄は時に赤い

不互鋸

—— 鈍い鋸歯がある。時に全縁

0.7倍

裏

—— 葉脈が緑色で目立つ

裏

—— 鋸歯は波形で独特

葉はやや反り返る

0.7倍

（通常のマンリョウ）

イズセンリョウ
伊豆千両 *Maesa japonica*

サクラソウ科イズセンリョウ属 低木 (0.5-1.5m)

沿海〜低山の照葉樹林内にやや普通に生え、暖地ほど普通。枝はもたれかかるように斜めに伸び、しばしば群生する。葉身長7-15cm。春に黄白色の花が短い総状につき、初冬に白い実がなる。◆**本**（茨城・島根以西）〜**琉**。

枝は長く伸び、一見つる性にも見える

マンリョウ
万両 *Ardisia crenata*

サクラソウ科ヤブコウジ属 低木 (0.3-1.5m)

沿海〜低山の照葉樹林内にやや普通に生える。葉身長8-14cm。鋸歯は波形。通常樹高1m以下だが、オオバマンリョウと呼ばれるタイプは1m以上になり、鋸歯は低い。◆**本**（福島・富山以西）〜**九**。植栽。野生化も多く、自生との区別曖昧。

オオバマンリョウのタイプ。葉先は尖る

ヤブコウジ

藪柑子
Ardisia japonica

サクラソウ科ヤブコウジ属 低木 (0.1-0.2m)

沿海〜山地の照葉樹林内に広く普通に生え、夏緑樹林帯下部にも見られる。小型の低木で、照葉樹林の草本層に見られる代表種。地下茎で増えしばしば群生する。葉身長3-12㎝。夏に小さな花が咲き、秋に赤い実がなる。◆**北〜九**。植栽。

葉先は尖るか丸い

等倍

葉柄や枝に微細な粒状の毛がある

裏

葉身は両面ほぼ無毛

枝先に4-5枚の葉がつき、対生に見える

ツルコウジ

蔓柑子
A. pusilla

サクラソウ科ヤブコウジ属 低木 (0.1-0.2m)

沿海〜低山の自然度の高い照葉樹林内にやや稀に生える。南日本ほど多い。葡匐枝をつる状に伸ばし、よく群生する。葉身長3 5㎝。枝葉に毛が多い点がヤブコウジとの区別点。初冬に赤い実がなる。◆**本**(千葉以西の太平洋側)〜**琉**。

常緑樹にしては薄い質感

等倍

長い毛があり、触るとフサフサ

葉裏、葉柄や枝にも長い毛が多い

裏

枝先に4-5枚の葉が集まってつく

不 互 鋸

不互鋸

鋸歯が疎らにあるか、稀に全縁

全体無毛

0.7倍

裏

裏は赤紫色になることもある

樹皮をはがすと粘り気がある

やや薄い質感

葉脈は表面で凹み、裏に隆起

0.8倍

裏

枝は無毛で皮目が目立つ

両面無毛

サネカズラ
実葛
Kadsura japonica

マツブサ科サネカズラ属　　つる性木本

沿海～低山の照葉樹林内や林縁に普通に生え、木などに絡む。葉身長6-13cm。秋に紅葉する葉も見られる。つるはさほど太くならず径2cm程度、老木ではコルク層が発達し縦に裂ける。別名ビナンカズラ。
◆**本**(宮城・新潟以西)～**琉**。

実は秋に径3-5cmの球状に集まってつく

テリハツルウメモドキ
照葉蔓梅擬
Celastrus punctatus

ニシキギ科ツルウメモドキ属　　つる性木本

沿海の林縁や明るい林内にやや稀に生え、低木などに絡む。全体ツルウメモドキに似るが、半常緑性で葉に照りがある。葉身長3-8cm。秋にツルウメモドキに似た黄色い実がなり、裂けて橙色の種子が出る。
◆**本**(山口)・**九**・**琉**。

日なたの葉ほど厚く、しわが目立つ

ネズミモチ　*Ligustrum japonicum*　鼠黐

モクセイ科イボタノキ属　小高木 (2-4m)

沿海～低山の林内に広く普通に生える。葉身長4-8㎝。樹皮は灰白色で粒状の皮目（ひもく）が散らばる。実は楕円形で秋に黒紫色に熟す。◆**本**（宮城・富山以西）～**琉**。植栽。※トウネズミモチは葉が大きく、側脈（そくみゃく）が透けて見え、よく野生化する。

照葉樹林の低木層に見られる代表種

オオバイボタ　*L. ovalifolium*　大葉水蝋

モクセイ科イボタノキ属　小高木 (2-6m)

海岸～沿海の照葉樹林にやや稀に生える半常緑樹で、冬は半分程度落葉する。東日本に比較的多い。葉身長4-10㎝。葉形などに変異があり、変種オカイボタやハチジョウイボタに細分される。◆**本**～**九**（大・長）。植栽。野生化もある。

ネズミモチとイボタノキの中間のような形

- 先は尖る
- 平滑で厚い質感。側脈は見えにくい
- 不対全
- 裏
- 0.9倍
- やや薄く軟らかい質感
- 粒状の皮目が目立つ
- 側脈が凹み、よく見える
- 先はやや丸い傾向
- 裏
- 0.9倍
- 普通は両面無毛

ヒイラギ *Osmanthus heterophyllus* 柊

モクセイ科モクセイ属　　小高木 (3-6m)

主に太平洋側の山地〜低地のやや乾燥した照葉樹林内に、やや普通に生える。葉身長4-7㎝。若木や徒長枝の葉は刺があり、成木は全縁。実は黒紫色で初夏に熟す。樹皮は灰白色。◆**本**(福島・新潟以西)・**四**・**九**(大・長・宮・鹿)・**琉**。植栽。

若木の葉。鋭い刺状の鋸歯が3-5対ある

成木の葉。先のみ刺状

側脈が繋がる

緑色の微小な点が散らばる

裏

葉は厚くて硬い

全縁の葉とトゲのある葉が混在する

ウスギモクセイ 薄黄木犀 *O. fragrans* var. *aurantiacus* f. *thunbergii*

モクセイ科モクセイ属　　小高木 (3-8m)

照葉樹林内に稀に生えるが、中国原産説もある。キンモクセイ(日本では雄株のみで野生化しない)の品種で、葉もそっくり。葉身長6-13㎝。花は黄白色。◆**九**(熊・鹿)。植栽。関東以西で所々野生化。※別変種のギンモクセイは葉がやや広い。

幼木の葉。粗い鋸歯が多い

成木の葉。全縁か先半分に小さな鋸歯がある

裏

側脈が浮き出る。葉は硬い質感

主脈や側脈がくぼむ

林内の若木。葉は大型で鋸歯も目立つ

シマモクセイ

島木犀
O. insularis

モクセイ科モクセイ属　小高木 (3-15m)

島嶼(とうしょ)や海辺〜低山の照葉樹林に稀に生える。葉身長7-11cm。ウスギモクセイなどに似るが、葉は両面とも平滑で、多くは全縁（幼木では時に鋸歯(きょし)が出る）。別名ナタオレノキ。
◆**本**（伊豆諸島・福井・山口）・**四**（徳・愛）・**九**・**琉**。

全体無毛で、葉の厚さはやや薄め

次第に長く尖る／成木は全縁／裏／主脈も側脈はほとんど凹まず平滑／側脈は浮き出ない　0.7倍

不対全

ナギ

梛
Nageia nagi

イヌマキ科ナギ属　高木 (10-20m)

暖地の照葉樹林に稀に生える。針葉樹だが例外的に広い葉で、照葉樹に近い形態。葉身長4-7cm。樹皮は黒褐色や橙色の斑になる。◆**本**（伊豆諸島・三重・奈良・和歌山・山口）・**四**・**九**（長・宮・鹿）・**琉**。神社植栽の野生化も多く、区別曖昧。

枝葉は丈夫でちぎれにくい

0.8倍　多数の葉脈が平行に走り、主脈や側脈はない／葉の両面は白粉をかぶることもある／裏

不対全

葉はスプーン形で先は丸い

0.9倍

裏

両面無毛

基部は葉柄に流れる

一年枝は紫色を帯びた独特の赤茶色

モクレイシ
木荔枝
Microtropis japonica

ニシキギ科モクレイシ属　小高木 (2-5m)

沿海の照葉樹林内に稀に生える。関東周辺と九州以南に隔離分布する特殊な分布。葉身長5-9cmで、茶色く目立つ枝がよい特徴。実は冬に熟し、裂けて橙色の種子を出す。◆**本**(千葉・神奈川・静岡・伊豆諸島)・**九**(長・宮・鹿)・**琉**。

花。木の外観は地味でモチノキのよう

葉先は凹むか丸い

等倍

裏

主脈上に白い毛が生える

ツゲ
黄楊
Buxus microphylla var. *japonica*

ツゲ科ツゲ属　　　小高木 (1-7m)

低山〜山地の岩場に稀に生える。分布は石灰岩地など局所的。葉身長1-3cm。◆**本**(東京・山形以西)〜**琉**。植栽。※植栽される別変種のヒメツゲは、葉幅が約半分で細い。同じく植栽に多いスドウツゲは分類不明で、葉が黄緑色で幅広い。

ツゲ林。成長は遅いが幹径10cm以上になる

アリドオシ *Damnacanthus indicus* 蟻通

アカネ科アリドオシ属　低木 (0.2-1m)

沿海〜低山の照葉樹林内にやや稀に生える。大小の葉が1節おきにつく。狭義のアリドオシの大形の葉は、葉身長1-2㎝。変異が多く、ヒメアリドオシ、オオアリドオシ、ホソバオオアリドオシの各変種に細分される。
◆**本**(茨城・福井以西)〜**琉**。

冬に径5mmの赤実がなり、春に白花が咲く

狭義のアリドオシ。刺は葉身の1/2以上

オオアリドオシ。葉身長2-4㎝、刺は葉身の1/2以下

ヒメアリドオシ。葉身長0.5-1㎝、刺は長い

等倍　裏

ホソバオオアリドオシ。葉身長3-6㎝で細長い

不対全

ナガバジュズネノキ *D. giganteus* 長葉数珠根木

アカネ科アリドオシ属　低木 (0.2-1m)

自然度の高い低山の照葉樹林内に稀に生える。葉身長5-12㎝。枝の刺はないか微小。冬に赤実がなる。
◆**本**(静岡以西の主に太平洋側)〜**九**。※別種のジュズネノキは葉が短くて基部が丸く、本種をその品種や変種に分類する見解もある。

1節おきに葉が小型か、葉がない節がある

0.8倍　裏

ほぼ中央で最大幅

葉柄は短く2-4mm

葉の基部に1-2mmの刺が時にある

2.0倍

不対全

やや先寄りで最大幅

平行に出る側脈が目立つ

裏

0.6倍

常緑樹にしては薄い質感

頂芽は緑色で尖る

向き合う葉の托葉が繋がり、枝を包む

葉は普通対生、時に三輪生

縁は多少波打つ

0.6倍

中央〜先寄りで最大幅

裏

1.5倍

托葉は1対の線形

托葉が落ちた痕が線になる

クチナシ
梔子 *Gardenia jasminoides* var. *jasminoides*

アカネ科クチナシ属　　低木（1-3m）

低山〜沿海の多少乾燥した照葉樹林やアカマツ林にやや普通に生える。葉身長6-15cm。やせ地の個体は小型だが、南日本の樹林内の個体は葉も木も大きい。秋に橙色の実がなる。◆**本**（静岡・福井以西）〜**琉**。植栽。野生化もある。

植栽される八重咲き品に比べ、葉は細い

タニワタリノキ
谷渡木 *Adina pilulifera*

アカネ科タニワタリノキ属　低木（2-5m）

低山の照葉樹林内の谷間などに稀に生える。自生地ではしばしば群生する。葉身長7-13cm。葉はクチナシに似るが、やや細く、中央部で最大幅になる傾向が強い。8-9月に黄白色の花が球状につく。◆**九**（大・宮・鹿）。

葉はクチナシ同様にやや薄い質感

ルリミノキ *Lasianthus japonicus* 瑠璃実木

アカネ科ルリミノキ属　低木(1-2m)

低山の自然度の高い照葉樹林内にやや稀に生える。葉は硬い質感で、葉身長7-15㎝。葉裏や枝に毛が多い品種サツマルリミノキは、葉の凹凸感が強い。秋に径約6㎜の青紫色の実がなる。幹は直立する。
◆**本**(静岡以西の太平洋側)〜**琉**。

比較的葉が細長い個体

側脈間が膨らみ、凸凹になることが多い

葉脈は裏面に隆起する

不対全

裏

側脈が急にカーブする

0.6倍

小さな三角形の托葉があるか、落ちた痕が線でつながる

ミサオノキ *Aidia cochinchinensis* 操木

アカネ科ミサオノキ属　小高木(2-7m)

低山〜沿海の自然度の高い照葉樹林内に稀に生える。岩がちな斜面上部などに見られる。葉身長8-15㎝。本種を含むアカネ科は、向かい合う葉の托葉が繋がることが特徴で、托葉が落ちると線が残る。
◆**本**(三重・和歌山)・**四**・**九**・**琉**。

葉が2枚つく節と0-1枚の節が交互にある

裏

脈腋に毛がかたまる

やや厚い質感

托葉は長く尖る三角形

葉がつかない節

0.6倍

不対全

常緑樹にしては薄い質感

0.8倍

葉の基部に1～2個のカギがあり、これで他物に絡む

裏

白みが強い

濃い緑で光沢も強い

裏

0.4倍

基部は円形かハート形に湾入する

ちぎると白い乳液が出る

カギカズラ *Uncaria rhynchophylla* 鈎葛

アカネ科カギカズラ属　　つる性木本

低山～沿海の照葉樹林の林縁にやや稀に生える。南日本ほど普通種。高木にも登り、しばしば樹冠を覆い尽くす。葉身長6-12cm。太いつるの樹皮は不規則にはがれる。初夏に花が球状につく。◆**本**（千葉・島根以西）～**九**。

枝を直線的に長く伸ばす。若葉は赤い

キジョラン *Marsdenia tomentosa* 鬼女蘭

キョウチクトウ科キジョラン属　つる性木本

山地のやや湿った照葉樹林内や林縁にやや稀に生え、木などに絡む。葉身はほぼ円形で長さ8-14cm。実は約15cmの袋果で、裂けて綿毛がある種子が飛ぶ。◆**本**（福島・島根以西）～**琉**。※同科のシタキソウは葉がやや細く薄く、葉脈が凹む。

アサギマダラの丸い食痕がよく目につく

テイカカズラ *Trachelospermum asiaticum* 定家葛

キョウチクトウ科テイカカズラ属　つる性木本

照葉樹林の代表的なつる植物。沿海〜低山の林内や林縁に広く普通に生える。気根を出し木などに登り、幼い個体は地をはい群生する。葉身長は普通4-8㎝、地をはう枝では2㎝前後。5-6月に白花が咲く。◆**本**（岩手・秋田以南）〜**琉**。植栽。

不対全

上部の枝の葉は菱形状で大きい

葉脈が明色で紋様になる葉が多い

地をはう枝の葉。ツルマサキに似るが本種は全縁

0.9倍

枝は普通有毛、時に無毛

裏

葉脈の網目模様が目立つ。普通無毛、時に少し有毛

幹に登った枝葉。古い葉は赤く紅葉する

ケテイカカズラ *T. jasminoides* var. *pubescens* 毛定家葛

キョウチクトウ科テイカカズラ属　つる性木本

沿海〜低山の照葉樹林内や林縁にやや稀に生える。葉身長4-8㎝、地をはう枝では2㎝前後。テイカカズラそっくりだが、葉裏に毛が多く、花筒の細い部分が短い。両種とも実は細長く、綿毛のある種子を飛ばす。◆**本**（近畿以西）〜**琉**。

テイカカズラよりずんぐりした丸い葉が多い傾向

0.9倍

裏

枝も毛が多い

2.0倍

裏面全体に毛が多く、触るとざらつく

葉裏を触ればテイカカズラと区別できる

不 対 全

— 先は急に狭まる
中央が最大幅
等倍
裏
葉柄基部は線で繋がる
淡緑色

サカキカズラ *Anodendron affine* 榊葛

キョウチクトウ科サカキカズラ属　つる性木本

低山〜海辺の自然度の高い照葉樹林内や林縁にやや稀に生える。自生地では個体数も多く、高木にも登る。葉身長6-11cm。葉柄基部の枝はよく膨らむ。花は淡黄色で初夏に咲き、実は長さ10cm前後の袋形。◆**本**（千葉・島根以西）〜琉。

葉は名の通りサカキに似るが、対生

— 先は次第に尖る
0.8倍
裏
基部寄りが最大幅
葉柄基部は線で繋がる
特有の白み

ホウライカズラ *Gardneria nutans* 蓬莱葛

マチン科ホウライカズラ属　つる性木本

低山〜海辺の乾いた照葉樹林内や林縁、石灰岩などの岩場に稀に生え、木に絡んだり地をはう。葉身長6-12cm。サカキカズラに似るが最大幅が基部寄り。幼木の葉裏は時に赤紫色。初夏に咲く花は白色。◆**本**（千葉・福井以西）〜琉。

幼木や徒長したつるの葉は細い

チトセカズラ

千歳葛
G. multiflora

マチン科ホウライカズラ属　つる性木本

低山～山地の谷沿いの林縁や照葉樹林内、崖などに稀に生え、木などに絡む。国指定の絶滅危惧種。葉身長6-12㎝。幼木の葉は細く白斑が入ることが特徴で、しばしば裏は赤紫色。初夏に咲く花は黄色。◆**本**（兵庫以西）・**琉**。

成木の葉は斑はない　　幼木の葉は白斑

脈がやや浮き出る
0.8倍
普通中央が最大幅
裏
葉柄基部は線で繋がる
特有の白みで側脈が緑色

不対全

スイカズラ

吸葛
Lonicera japonica

スイカズラ科スイカズラ属　つる性木本

低地～山地の林縁やヤブに広く普通に生え、他の植物に絡む。葉身長3-7㎝。半常緑樹で、大型の葉は冬に落葉する。徒長枝や幼木では、時に羽状に裂けた葉が出現する。初夏に白～黄色の花をつける。別名ニンドウ。◆**北**（南部）～**九**。

枝先の葉が冬も残る。実は秋に黒熟する

質感は薄い。細長い葉や丸い葉があり、変異に富む
枝や葉柄も多毛
等倍
両面とも有毛で、特に裏面に多い
裏（徒長枝の葉）
葉脈の網目が見える
0.7倍
時に1-4対の切れ込みが入る

不対全

多少光沢がある。普通は両面無毛

葉は広い楕円形〜長い三角形状

0.9倍

ほぼ無毛で、やや粉白色を帯びる。腺点はない

葉柄はしばしば赤紫色

裏

枝も無毛。若枝では毛が出ることもある

ハマニンドウ　浜忍冬　*L. affinis*

スイカズラ科スイカズラ属　　つる性木本

海岸や沿海の林縁にやや稀に生える半常緑樹。つるで他の植物に巻きつく。葉身長5-8cm。スイカズラの葉に似るがより幅広く、ほぼ無毛で厚い。初夏にスイカズラと似た花が咲く。◆**本**(三重・和歌山・島根・広島・山口)〜**琉**。

葉はキダチニンドウより丸みが強い傾向

縁に毛が生える。葉裏に橙色の腺点があるが、肉眼では見づらい

3.0倍

表面ははじめ有毛、後にほぼ無毛

0.8倍

脈上などに毛が多い

裏

枝も葉柄も毛が多い

キダチニンドウ　木立忍冬　*L. hypoglauca*

スイカズラ科スイカズラ属　　つる性木本

沿海〜低山の林縁や照葉樹林内にやや稀に生える半常緑樹。つるで高木にも登る。葉は長い三角形状で薄い質感、葉身長5-11cm。ハマニンドウに似るが全体毛が多い。花は初夏に咲く。◆**本**(静岡・愛知・広島・山口)〜**琉**。

葉は基部寄りで最大幅

ヒノキバヤドリギ 檜葉宿木 *Korthalsella japonica*

ビャクダン科ヒノキバヤドリギ属 低木 (0.1-0.3m)

低山～沿海の乾いた照葉樹林にやや稀に生え、ヒサカキ、ヤブツバキ、モチノキ類、ネズミモチなどの常緑樹の枝に寄生する。葉は1mm以下の鱗片状に退化して、緑色の枝が主体。花や実も小さい。◆**本**(千葉・福井以西)～琉。

不対全

丸いのは実。秋に黄色く熟す

等倍

枝に節があり、微小な葉が対生するがわかりにくい

太い枝は偏平

ソヨゴに寄生した個体群。よく群生する

オオバヤドリギ 大葉宿木 *Taxillus yadoriki*

オオバヤドリギ科オオバヤドリギ属 低木 (0.5-2m)

照葉樹林に稀に生え、主にシイ類、カシ類、タブノキ、ヤブツバキ、イスノキなどの常緑高木の枝に寄生する。ヤドリギ類で最も大型で、葉は広い楕円形、葉身長4-8cm。樹冠も径2mにも達する。◆**本**(千葉・福井以西)～琉。

無毛で光沢が強い

厚く色濃い。若葉は表も赤褐色の星状毛が密生

裏

0.9倍

枝や葉柄も赤褐色の星状毛が密生

赤褐色の星状毛が密生

葉裏の赤い毛は遠くからも目立つ

不対鋸

鋸歯の大小には変異がある

0.6倍

裏（ヒメアオキ）

鋸歯は粗く、数が多い

葉脈がやや浮き出て見えることが多い

0.6倍

裏

アオキ　青木　*Aucuba japonica*

ガリア科アオキ属　低木 (0.5-3m)

低地〜山地の林内に普通に生える。葉身長8-20cm。葉の広狭などに変異が多い。株立ち樹形で細い幹は緑色。日本海側の多雪地に生えるものは、葉が小型で幹はやや地をはい、変種ヒメアオキに区分される。◆北（南部）〜琉。植栽。

対生する大型の葉が特徴。実は冬に熟す

センリョウ　千両　*Sarcandra glabra*

センリョウ科センリョウ属 低木 (0.5-1.5m)

沿海〜低山の自然度の高い照葉樹林内にやや普通に生え、南日本ほど多い。葉身長9-15cm。植栽個体に比べ、自生個体の葉は細長く色濃い印象。冬に赤い実がつく。◆本（千葉以西）〜琉。植栽。野生化も多く、自生との区別曖昧。

枝先に2対4枚の葉がつく

サンゴジュ *Viburnum odoratissimum*
珊瑚樹

レンプクソウ科ガマズミ属 小高木 (2-10m)

沿海〜低山の照葉樹林内の谷間などに、やや稀に生える。葉身長10-20cm。植栽個体に比べ、自生個体は葉が広く大きいものが多い。◆**本**(千葉以西の太平洋側)〜**琉**。植栽。野生化も多く、関東の個体は全て野生化ともいわれる。

葉は肉厚で光沢が強い。夏に赤い実がなる

鈍い鋸歯があるか、時に全縁

脈腋が膨らみ、裏にダニ室がある

葉柄は褐色〜赤紫色を帯びる

不対鋸

0.6倍 裏

ハクサンボク
白山木 *V. japonicum*

レンプクソウ科ガマズミ属 低木 (2-5m)

沿海の照葉樹林内や林縁にやや稀に生える。九州では個体数が多い。葉は円形に近く、葉身長7-18cm。ガマズミを常緑にした雰囲気。◆**本**(伊豆諸島・神奈川・静岡・愛知・山口)・**四**(高)・**九**・**琉**。植栽。野生化もある。

春に白花が咲き、秋に赤い実がなる

鈍い鋸歯がある

0.5倍

肉厚で色濃く、光沢が強い。両面無毛

裏

不対鋸

等倍

裏

一年枝は緑色

葉が特に大型のタイプ。オオバマサキと呼ばれることもある

鋸歯は低い

裏

両面無毛

等倍

一年枝は緑色

マサキ　柾　*Euonymus japonicus*

ニシキギ科ニシキギ属　低木(1-6m)

海岸や沿海の照葉樹林内にやや普通に生える。葉は枝先に集まってつくが、対生なので見分けやすい。葉身長4-8㎝。葉形に変異があり、かなり大型で丸い葉もある。樹皮は暗褐色で縦すじが入る。◆北(南部)〜琉。植栽。野生化も多い。

秋に実をつけ、4裂して橙色の種子を出す

ヒゼンマユミ　肥前檀　*E. chibae*

ニシキギ科ニシキギ属　小高木(4-8m)

沿海の照葉樹林内や島嶼に稀に生える。国指定の絶滅危惧種。葉身長は5-11㎝で、マユミを常緑にしたような形態。秋に4裂する黄色い実をつけ、橙色の種子を出す。◆**本**(山口)・**四**(徳)・**九**(福・大・長・鹿)・**琉**。

葉は暗緑色で、のっぺりした質感

ツルマサキ

蔓柾
E. fortunei

ニシキギ科ニシキギ属　つる性木本

山地～低地の常緑樹林や夏緑樹林内に普通に生える。枝から気根を出し高木にも登るが、幼い枝が地をはっていることも多い。葉身長3-6㎝。地をはう枝の葉は2㎝前後で、テイカカズラと似る。花や実はマサキに似る。◆北～琉。

他の木の幹に登り、そこから枝を広げる

不対鋸

上部の枝の葉は、楕円形。マサキよりやや細く小型

等倍

両面無毛

裏

一年枝は緑色

地をはう枝の葉は小型で、葉脈が明色で目立つ

等倍

必ず鋸歯がある(テイカカズラは全縁)

ビロードムラサキ

天鵞絨紫
Callicarpa kochiana

シソ科ムラサキシキブ属　低木 (1-3m)

低山の林縁や林内に稀に生える半常緑樹で、国指定の絶滅危惧種。萼・枝・花序などに淡褐色の星状毛が多く、葉身長15-30㎝と大型なので区別容易。実は白色で冬に熟す。別名オニヤブムラサキ。◆本（三重）・四（徳・高）・九（熊・鹿）。

7-8月にピンクの花が咲く

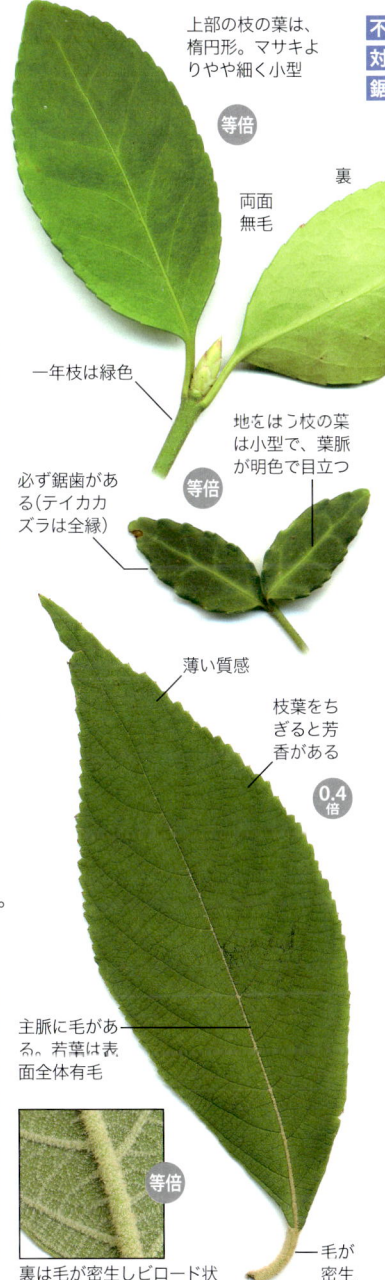

薄い質感

枝葉をちぎると芳香がある

0.4倍

主脈に毛がある。若葉は表面全体有毛

等倍

裏は毛が密生しビロード状

毛が密生

71

分互鋸

先は丸いか、やや尖る

フユイチゴ　　冬苺　*Rubus buergeri*

バラ科キイチゴ属　　低木 (0.2-0.5m)

沿海～低山の照葉樹林内や林縁に普通に生え、よく群生する。枝はつる状に地をはって伸びる。葉身長6-11㎝で、浅く3-5つに裂けるか、ほぼ不分裂。初秋に白い花が咲き、初冬に赤い実が熟す。◆**本**（福島・山形以西）～**九**。

裏

0.5倍

2.0倍

枝や葉柄は褐色の毛が密生。刺は少なめ

裏全体に毛が多い

実は甘くて食べられ、冬の林で目をひく

先はよく尖る

ミヤマフユイチゴ　深山冬苺　*R. hakonensis*

バラ科キイチゴ属　　低木 (0.2-0.5m)

山地～低山の照葉樹林内や林縁にやや普通に生える。葉身長5-9㎝。フユイチゴより一回り小さく、葉先が尖り、全体に毛が少ない。◆**本**（福島・新潟以西）～**九**。※本種とフユイチゴの雑種アイノコフユイチゴも多く、しばしば区別に悩む。

鋸歯はフユイチゴより鋭い

0.5倍

2.0倍

枝や葉柄は毛が少なく、刺は多め

裏

脈上に毛がある

花や実はフユイチゴと同時期。右下は蕾

ホウロクイチゴ

焙烙苺 *R. sieboldii*

バラ科キイチゴ属　低木 (0.3-1m)

沿海や低山の林縁や林内にやや稀に生える。南日本ほど普通。枝は地をはって伸び、よく群生する。葉身長10-20㎝。花期は晩春、実は初夏に赤熟。◆**本**（千葉・島根以西）〜**琉**。※オオフユイチゴは本種とフユイチゴの中間的な葉をもつ。

葉は大型の角張った形で見分けやすい

浅く3-5裂し、不揃いの鋸歯

先は丸い

分互鋸

枝や葉柄は褐色の毛が多く、刺がある

裏は褐色の毛が密生

0.4倍／等倍

カジイチゴ

梶苺 *R. trifidus*

バラ科キイチゴ属　低木 (1-3m)

海岸の照葉樹林の林縁にやや稀に生える半常緑樹。幹は立ち、しばしば群生する。全体に刺がなく、毛も少ない。葉身は径7-17㎝。初夏に黄実がなる。◆**本**〜**九**。庭木。※ハチジョウイチゴやニガイチゴとの雑種がある。

春に白い花が上向きに咲く

等倍

裏は淡緑色で脈上を除き無毛

光沢があり、ほぼ無毛

刺はない

普通5-7裂。小型の葉は3裂

0.4倍

分互鋸

葉は3-5中裂。鋸歯は不揃い

やや草質。若葉ほど毛が多く光沢が弱い

葉柄に軟毛が密生

裏面脈上などに毛が多く、触るとふわっとする

0.4倍 裏

ハチジョウイチゴ　八丈苺　*R. ribisoideus*

バラ科キイチゴ属　　低木 (0.5-1.5m)

海岸や島嶼(とうしょ)の林縁に稀に生える半常緑樹。幹はやや斜上し、刺は普通ない。葉身は径6-14㎝、葉裏や若枝に軟毛が多い。別名ビロードカジイチゴ。初夏に黄実がなる。◆**本**(伊豆諸島・静岡・愛知・三重・和歌山・兵庫・山口)〜**九**。

若葉をつけた一年枝。切れ込みが深い

0.3倍

葉は普通9裂。全体無毛で光沢が強い

ヤツデ　八手　*Fatsia japonica*

ウコギ科ヤツデ属　　低木 (1-3m)

沿海〜低山の照葉樹林内に普通に生える。葉身は径25-40㎝。幼木は3-5浅裂の葉もある。◆**本**(宮城・秋田以西)〜**琉**。植栽。※中国原産のカミヤツデは暖地に野生化し、葉は径70㎝に達し、葉先が二股に分かれ、裏面は粉状の毛が密生。

初冬に花が咲き、春に黒い実がなる

カクレミノ　*Dendropanax trifidus*　隠蓑

ウコギ科カクレミノ属　小高木 (3-10m)

沿海〜低山の照葉樹林内にやや普通に生える。葉身長7-15cm。若木の葉は3裂が多いが、成木では大半が不分裂葉で小型化する。幼木は切れ込みが深く、稀に5裂や鋸歯もある。樹皮は白く平滑。◆**本**(宮城・石川以西)〜**琉**。植栽。

成木は不分裂葉ばかりで別種のよう

成木の葉は歪んだ菱形状

基部で分かれる3脈が目立つ

両面無毛

葉脈の網目がよく見える

裏

(若木の葉)

キヅタ　*Hedera rhombea*　木蔦

ウコギ科キヅタ属　つる性木本

照葉樹林を代表するつる植物で、沿海〜低山の林内に広く普通に生える。気根を出して尚木にも登る。葉身長4-7cmで、葉形は変異に富む。初夏に黒い実がなる。◆**北**(南部)〜**琉**。植栽。※植栽されるものはセイヨウキヅタなどが多い。

葉は不分裂、3浅裂、5深裂まで多様

不分裂葉は、丸みのある菱形状

成葉は両面無毛

葉脈が明るい色で目立つ

幼い枝は3-5裂する葉が多い

裏

厚い質感。細かい葉脈が凹む

0.4倍

等倍

裏は葉脈の網目が鮮明に見える

2.0倍

裏は伏毛が生える

先は丸い

表は無毛。厚いが軟らかい質感

0.6倍

ムベ

郁子
Stauntonia hexaphylla

アケビ科ムベ属 つる性木本

沿海〜低山の照葉樹林内や林縁に普通に生える。つるで巻きつき、高木にも登る。葉は掌状複葉。小葉は長さ5-12cmで7-5枚ある。幼木は三出複葉や単葉もある。別名トキワアケビ。◆**本**（宮城・山形以南）〜**琉**。植栽。野生化もある。

春に白い花が咲く。実は秋に熟し裂けない

ミヤマトベラ

深山扉
Euchresta japonica

マメ科ミヤマトベラ属 低木（0.3-0.8m）

山地〜低山の自然度の高い照葉樹林内に稀に生える。自生地は少ないが、地下茎を伸ばしよく群生する。葉は三出複葉で、小葉は長さ5-9cm。6-7月に白花が咲き、秋に長さ1.5cmの黒い実が少数なる。◆**本**（茨城以西の太平洋側）〜**九**。

林床で黒光りする葉が特徴

フユザンショウ

冬山椒 *Zanthoxylum armatum* var. *subtrifoliatum*

ミカン科サンショウ属　低木 (1.5-3m)

低山〜海岸の岩場や照葉樹林内に稀に生える。石灰岩地にも見られる。葉は羽状複葉で葉身長8-15cm、小葉は2-3対、小型の葉は1対。樹皮はサンショウに似て刺がある。夏に赤い実がなる。◆**本**（宮城・石川以西）〜**琉**。

枝葉は疎らにつく。葉軸の翼と刺が特徴

複/互/鋸

ちぎるとサンショウ臭

葉軸にヒレ状の翼がある

しばしば刺がある

0.6倍

裏　白みが強い

やや薄い質感

(小型の葉)

ナンテン

南天 *Nandina domestica*

メギ科ナンテン属　低木 (1.5-3m)

中国原産とされるが、西日本の石灰岩地に自生状で見られるほか、各地の沿海〜低山の照葉樹林内にやや普通に野生化している。葉は三回三出羽状複葉で、小葉は長さ3-7cm。◆**本**（宮城・新潟以西）〜**九**で野生化。植栽。

初夏に白花が咲き、秋に赤い実がなる

複/互/全

(複葉の一部分)

0.6倍

裏

光沢があり両面無毛

さくいん

太字は葉画像掲載種、細字は文中紹介種

◆ア
- アイノコフユイチゴ ‥‥‥‥‥‥ 72
- アオカゴノキ →バリバリノキ ‥‥ 13
- アオガシ →ホソバタブ ‥‥‥‥‥ 13
- アオキ ‥‥‥‥‥‥‥‥‥‥‥‥ 68
- アカガシ ‥‥‥‥‥‥‥‥‥‥‥ 12
- アカネ科 ‥‥‥‥‥‥‥‥ 59〜62
- アカミノイヌツゲ ‥‥‥‥‥‥‥ 43
- アカメモチ →カナメモチ ‥‥‥‥ 49
- アケビ科 ‥‥‥‥‥‥‥‥‥‥‥ 76
- アコウ ‥‥‥‥‥‥‥‥‥‥‥‥ 26
- アセビ ‥‥‥‥‥‥‥‥‥‥‥‥ 51
- アラカシ ‥‥‥‥‥‥‥‥‥‥‥ 34
- アリドオシ ‥‥‥‥‥‥‥‥‥‥ 59
- アワブキ科 ‥‥‥‥‥‥‥‥‥‥ 47

◆イ
- イズセンリョウ ‥‥‥‥‥‥‥‥ 52
- イスノキ ‥‥‥‥‥‥‥‥‥‥‥ 21
- イタジイ →スダジイ ‥‥‥‥‥‥ 10
- イタビカズラ ‥‥‥‥‥‥‥‥‥ 27
- イチイガシ ‥‥‥‥‥‥‥‥‥‥ 36
- イヌガシ ‥‥‥‥‥‥‥‥‥‥‥ 15
- イヌグス →タブノキ ‥‥‥‥‥‥ 12
- イヌツゲ ‥‥‥‥‥‥‥‥‥‥‥ 41
- イヌマキ科 ‥‥‥‥‥‥‥‥‥‥ 57
- イラクサ科 ‥‥‥‥‥‥‥‥‥‥ 50
- イワガネ ‥‥‥‥‥‥‥‥‥‥‥ 50

◆ウ
- ウコギ科 ‥‥‥‥‥‥‥‥ 74〜75
- ウスギモクセイ ‥‥‥‥‥‥‥‥ 56
- ウチダシミヤマシキミ ‥‥‥‥‥ 24
- ウバメガシ ‥‥‥‥‥‥‥‥‥‥ 37
- ウラジロガシ ‥‥‥‥‥‥‥‥‥ 35
- ウラジロヒカゲツツジ ‥‥‥‥‥ 32

◆エ
- エゾユズリハ ‥‥‥‥‥‥‥‥‥ 19

◆オ
- オオアリドオシ ‥‥‥‥‥‥‥‥ 59
- オオイタビ ‥‥‥‥‥‥‥‥‥‥ 27
- オオカナメモチ ‥‥‥‥‥‥‥‥ 49
- オオツクバネガシ ‥‥‥‥‥‥‥ 35
- オオバイヌツゲ ‥‥‥‥‥‥‥‥ 41
- オオバイボタ ‥‥‥‥‥‥‥‥‥ 55
- オオバグミ →マルバグミ ‥‥‥‥ 31
- オオバマサキ ‥‥‥‥‥‥‥‥‥ 70
- オオバマンリョウ ‥‥‥‥‥‥‥ 52
- オオバヤドリギ ‥‥‥‥‥‥‥‥ 67
- オオフユイチゴ ‥‥‥‥‥‥‥‥ 73
- オガタマノキ ‥‥‥‥‥‥‥‥‥ 17
- オニヤブムラサキ →ビロードムラサキ 71

◆カ
- カカツガユ ‥‥‥‥‥‥‥‥‥‥ 25
- カギカズラ ‥‥‥‥‥‥‥‥‥‥ 62
- カキノキ科 ‥‥‥‥‥‥‥‥‥‥ 17
- カクレミノ ‥‥‥‥‥‥‥‥‥‥ 75
- カゴノキ ‥‥‥‥‥‥‥‥‥‥‥ 16
- カジイチゴ ‥‥‥‥‥‥‥‥‥‥ 73
- カシ類 ‥‥‥‥‥‥‥‥ 12、34〜37
- カナメモチ ‥‥‥‥‥‥‥‥‥‥ 49
- カミヤツデ ‥‥‥‥‥‥‥‥‥‥ 74
- カラタチバナ ‥‥‥‥‥‥‥‥‥ 29
- ガリア科 ‥‥‥‥‥‥‥‥‥‥‥ 68
- カンザブロウノキ ‥‥‥‥‥‥‥ 40

◆キ
- キジョラン ‥‥‥‥‥‥‥‥‥‥ 62
- キダチニンドウ ‥‥‥‥‥‥‥‥ 66
- キヅタ ‥‥‥‥‥‥‥‥‥‥‥‥ 75
- キョウチクトウ科 ‥‥‥‥ 62〜64
- キンモクセイ ‥‥‥‥‥‥‥‥‥ 56
- ギンモクセイ ‥‥‥‥‥‥‥‥‥ 56

◆ク
- クスドイゲ ‥‥‥‥‥‥‥‥‥‥ 50
- クスノキ ‥‥‥‥‥‥‥‥‥‥‥ 14
- クスノキ科 ‥‥‥‥‥‥‥‥ 12〜16
- クチナシ ‥‥‥‥‥‥‥‥‥‥‥ 60
- グミ科 ‥‥‥‥‥‥‥‥‥‥ 30〜31
- クロガネモチ ‥‥‥‥‥‥‥‥‥ 22
- クロキ ‥‥‥‥‥‥‥‥‥‥‥‥ 38
- クロソヨゴ ‥‥‥‥‥‥‥‥‥‥ 43
- クロバイ ‥‥‥‥‥‥‥‥‥‥‥ 39
- クワ科 ‥‥‥‥‥‥‥‥‥‥ 25〜27

◆ケ
- ケウバメガシ ‥‥‥‥‥‥‥‥‥ 37
- ケテイカカズラ ‥‥‥‥‥‥‥‥ 63

◆コ
- コジイ →ツブラジイ ‥‥‥‥‥‥ 10
- コショウ科 ‥‥‥‥‥‥‥‥‥‥ 33
- コショウノキ ‥‥‥‥‥‥‥‥‥ 31

コバンモチ ・・・・・・・・・・・・・・・・・・・・ 46
◆サ
サカキ ・・・・・・・・・・・・・・・・・・・・・・・・ 20
サカキカズラ ・・・・・・・・・・・・・・・・・・ 64
サクラソウ科 ・・・・ 28〜29、52〜53
サザンカ ・・・・・・・・・・・・・・・・・・・・・・ 44
サツマルリミノキ ・・・・・・・・・・・・・・ 61
サネカズラ ・・・・・・・・・・・・・・・・・・・・ 54
サンゴジュ ・・・・・・・・・・・・・・・・・・・・ 69
◆シ
シイモチ ・・・・・・・・・・・・・・・・・・・・・・ 42
シイ類 →スダジイ・ツブラジイ ・・ 10
シキミ ・・・・・・・・・・・・・・・・・・・・・・・・ 24
シソ科 ・・・・・・・・・・・・・・・・・・・・・・・・ 71
シタキソウ ・・・・・・・・・・・・・・・・・・・・ 62
シマモクセイ ・・・・・・・・・・・・・・・・・・ 57
シャクナゲ ・・・・・・・・・・・・・・・・・・・・ 32
シャシャンボ ・・・・・・・・・・・・・・・・・・ 51
シャリンバイ ・・・・・・・・・・・・・・・・・・ 49
ジュズネノキ ・・・・・・・・・・・・・・・・・・ 59
シラカシ ・・・・・・・・・・・・・・・・・・・・・・ 34
シリブカガシ ・・・・・・・・・・・・・・・・・・ 11
シロダモ ・・・・・・・・・・・・・・・・・・・・・・ 15
シロバイ ・・・・・・・・・・・・・・・・・・・・・・ 39
ジンチョウゲ ・・・・・・・・・・・・・・・・・・ 31
◆ス
スイカズラ ・・・・・・・・・・・・・・・・・・・・ 65
スイカズラ科 ・・・・・・・・・・・ 65〜66
スダジイ ・・・・・・・・・・・・・・・・・・・・・・ 10
スドウツゲ ・・・・・・・・・・・・・・・・・・・・ 58
◆セ
センリョウ ・・・・・・・・・・・・・・・・・・・・ 68
◆ソ
ソヨゴ ・・・・・・・・・・・・・・・・・・・・・・・・ 23
◆タ
タイミンタチバナ ・・・・・・・・・・・・・・ 28
タチバナ ・・・・・・・・・・・・・・・・・・・・・・ 25
タニワタリノキ ・・・・・・・・・・・・・・・・ 60
タブノキ ・・・・・・・・・・・・・・・・・・・・・・ 12
タラヨウ ・・・・・・・・・・・・・・・・・・・・・・ 41
◆チ
チトセカズラ ・・・・・・・・・・・・・・・・・・ 65
チャノキ ・・・・・・・・・・・・・・・・・・・・・・ 43
◆ツ
ツクシシャクナゲ ・・・・・・・・・・・・・・ 32
ツクバネガシ ・・・・・・・・・・・・・・・・・・ 35
ツゲ ・・・・・・・・・・・・・・・・・・・・・・・・・・ 58
ツゲモチ ・・・・・・・・・・・・・・・・・・・・・・ 23
ツツジ科 ・・・・・・・・・・・・・・・・・・ 32、51
ツヅラフジ科 ・・・・・・・・・・・・・・・・・・ 33
ツバキ科 ・・・・・・・・・・・・・・・ 43〜44
ツブラジイ ・・・・・・・・・・・・・・・・・・・・ 10
ツルアカミノキ →ツルマンリョウ 28
ツルグミ ・・・・・・・・・・・・・・・・・・・・・・ 30
ツルコウジ ・・・・・・・・・・・・・・・・・・・・ 53
ツルシキミ ・・・・・・・・・・・・・・・・・・・・ 24
ツルマサキ ・・・・・・・・・・・・・・・・・・・・ 71
ツルマンリョウ ・・・・・・・・・・・・・・・・ 28
◆テ
テイカカズラ ・・・・・・・・・・・・・・・・・・ 63
テリハツルウメモドキ ・・・・・・・・・・ 54
◆ト
トウネズミモチ ・・・・・・・・・・・・・・・・ 55
トキワアケビ →ムベ ・・・・・・・・・・ 76
トキワガキ ・・・・・・・・・・・・・・・・・・・・ 17
トキワマンサク ・・・・・・・・・・・・・・・・ 21
トベラ ・・・・・・・・・・・・・・・・・・・・・・・・ 29
◆ナ
ナガバジュズネノキ ・・・・・・・・・・・・ 59
ナギ ・・・・・・・・・・・・・・・・・・・・・・・・・・ 57
ナタオレノキ →シマモクセイ ・・・ 57
ナナミノキ ・・・・・・・・・・・・・・・・・・・・ 42
ナナメノキ →ナナミノキ ・・・・・・・ 42
ナリヒラモチ ・・・・・・・・・・・・・・・・・・ 42
ナワシログミ ・・・・・・・・・・・・・・・・・・ 30
ナンテン ・・・・・・・・・・・・・・・・・・・・・・ 77
◆ニ
ニシキギ科 ・・・・・・・・・・・ 54、70〜71
ニッケイ ・・・・・・・・・・・・・・・・・・・・・・ 14
ニッポンタチバナ →タチバナ ・・・・ 25
ニンドウ →スイカズラ ・・・・・・・・・・ 65
◆ネ
ネズミモチ ・・・・・・・・・・・・・・・・・・・・ 55
◆ノ
ノコギリシバ →タラヨウ ・・・・・・・・ 41
◆ハ
ハイイヌツゲ ・・・・・・・・・・・・・・・・・・ 41
ハイノキ ・・・・・・・・・・・・・・・・・・・・・・ 38
ハイノキ科 ・・・・・・・・・・・・・ 38〜40
ハクサンボク ・・・・・・・・・・・・・・・・・・ 69
バクチノキ ・・・・・・・・・・・・・・・・・・・・ 48
ハスノハカズラ ・・・・・・・・・・・・・・・・ 33
ハチジョウイチゴ ・・・・・・・・・・・・・・ 74
ハドイワガネ ・・・・・・・・・・・・・・・・・・ 50

ハドノキ	50
ハナガガシ	36
ハマニンドウ	66
ハマヒサカキ	45
ハマビワ	16
バラ科	47〜49
バリバリノキ	13

◆ヒ

ヒイラギ	56
ヒイラギガシ →リンボク	48
ヒカゲツツジ	32
ヒサカキ	45
ヒゼンマユミ	70
ビナンカズラ →サネカズラ	54
ヒノキバヤドリギ	67
ヒメアオキ	68
ヒメアリドオシ	59
ヒメイタビ	26
ヒメツゲ	58
ヒメユズリハ	19
ビャクダン科	67
ヒャクリョウ →カラタチバナ	29
ビランジュ →バクチノキ	48
ビロードカジイチゴ →ハチジョウイチゴ	74
ビロードムラサキ	71
ビワ	47

◆フ

フウトウカズラ	33
ブナ科	10〜12、34〜37
フユイチゴ	72
フユザンショウ	77

◆ヘ

ベニバナトキワマンサク	21
ペンタフィラクス科	20、45

◆ホ

ホウライカズラ	64
ホウロクイチゴ	73
ホソバオオアリドオシ	59
ホソバタブ	13
ホルトノキ	46
ホンシャクナゲ	32

◆マ

マサキ	70
マチン科	64〜65
マツブサ科	24、54
マツラニッケイ →イヌガシ	15
マテバシイ	11
マメ科	76
マルバグミ	31
マルバシャリンバイ	49
マンサク科	21
マンリョウ	52

◆ミ

ミカン科	24〜25、77
ミサオノキ	61
ミミズバイ	40
ミヤマシキミ	24
ミヤマトベラ	76
ミヤマフユイチゴ	72

◆ム

ムベ	76

◆メ

メギ科	77

◆モ

モガシ →ホルトノキ	46
モクセイ科	55〜57
モクレイシ	58
モクレン科	17
モチノキ	22
モチノキ科	22〜23、41〜43
モッコク	20

◆ヤ

ヤツデ	74
ヤドリギ類	67
ヤナギ科	50
ヤブコウジ	53
ヤブツバキ	44
ヤブニッケイ	14
ヤマグルマ	37
ヤマビワ	47
ヤマミカン →カカツガユ	25
ヤマモガシ	18
ヤマモモ	18

◆ユ

ユキツバキ	44
ユズ	25
ユズリハ	19

◆リ

リンボク	48

◆ル

ルリミノキ	61

◆レ

レンプクソウ科	69